畜禽健康养殖关键技术丛书

反刍动物健康养殖关键技术

孙鹏 等 编著

中国农业科学技术出版社

图书在版编目（CIP）数据

反刍动物健康养殖关键技术 / 孙鹏等编著. --北京：中国农业科学技术出版社，2022.6

ISBN 978-7-5116-5719-0

Ⅰ.①反… Ⅱ.①孙… Ⅲ.①反刍动物-饲养管理 Ⅳ.①S823

中国版本图书馆 CIP 数据核字（2022）第 051926 号

责任编辑 金 迪
责任校对 李向荣
责任印制 姜义伟 王思文

出 版 者 中国农业科学技术出版社
北京市中关村南大街 12 号 邮编：100081
电 话 (010)82106625(编辑室) (010)82109702(发行部)
(010)82109709(读者服务部)
传 真 (010)82109705
网 址 http://www.castp.cn
经 销 者 各地新华书店
印 刷 者 北京建宏印刷有限公司
开 本 170 mm×240 mm 1/16
印 张 9.75
字 数 168 千字
版 次 2022 年 6 月第 1 版 2022 年 6 月第 1 次印刷
定 价 56.00 元

《反刍动物健康养殖关键技术》
编著人员

主 编 著：孙　鹏

副主编著：郝力壮　马峰涛

编著人员（排名不分先后）：

常美楠　沃野千里　王飞飞　刘俊浩

于　昕　拜彬强　　金　迪

前言

现代畜牧业是在传统畜牧业基础上发展建立起来的，是用现代畜牧兽医科学技术和设备及经营理念武装、基础设施完善、营销体系健全、管理科学、资源节约、环境友好、质量安全、优质生态、高产高效的产业。2022年发布的中央一号文件《中共中央国务院关于做好2022年全面推进乡村振兴重点工作的意见》中强调“加快扩大牛羊肉和奶业生产，推进草原畜牧业转型升级试点示范”。作为现代畜牧业的主体对象，反刍动物的健康养殖尤为关键，提升其生产效能，使畜牧业生产向着高产、优质、高效的方向发展，对保障国家“菜篮子”安全至关重要。反刍动物的健康养殖就是以生态平衡的理论来指导养殖工作，通过合理的养殖措施、良好的养殖环境、均衡营养的饲料喂养，使动物实现健康生长、高生产性能、低死亡率，从而保证动物健康生产及产品安全，这是健康养殖技术的核心。反刍动物虽均是草食动物，但生物学特性和饲养管理水平差异较大，目前国内部分地区的养殖规范和养殖水平参差不齐，导致产品质量差、经济效益低，可见反刍动物健康养殖势在必行。

本书系统全面地介绍了反刍动物健康养殖的系列关键技术，结合牛、羊、骆驼、鹿4种反刍动物的生物学特性，从动物福利角度，全面探讨了不同反刍动物各个生理阶段的营养需要及核心饲养管理技术。全书共分为十章，主要内容包括：概述、反刍动物的胃肠道消化吸收、牛不同生长期饲养管理、羊不同生长期饲养管理、其他反刍动物不同生长期饲养管理、反刍动物的营养需要、反刍动物营养调控与环境互作、反刍动物福利的推行与实施、反刍动物常见疾病防治技术、反刍动物产品与人类健康。

本书是在国家高层次人才特殊支持计划（“万人计划”青年拔尖人才）、中国农业科学院科技创新工程（cxgc-ias-07）、青海省“昆仑英才·高端创新创业人才”拔尖人才计划、青海省重点研发与转化计划（2021-NK-126）和青海省科技厅重点实验室奖励计划（2022-ZJ-Y17）等资助下完成。本书是多人智慧的结晶，在此由衷地感谢参与书稿编著的各位老师和同学。

鉴于作者水平有限，本书编写时间紧、任务重，书中存在的疏漏与不足之处在所难免，敬请广大读者批评指正。

编著者

2022 年 4 月

目　录

第一章　概述 …… (1)
第一节　健康养殖概述 …… (1)
第二节　畜禽健康养殖的策略 …… (2)

第二章　反刍动物的胃肠道消化吸收 …… (5)
第一节　反刍动物胃肠道发育特点 …… (5)
第二节　瘤胃微生态与功能 …… (10)
第三节　反刍动物对营养物质的消化吸收 …… (11)

第三章　反刍动物的营养需要 …… (14)
第一节　干物质采食量 …… (14)
第二节　能量的营养需要 …… (20)
第三节　蛋白质的营养需要 …… (24)
第四节　纤维的营养需要 …… (28)
第五节　矿物质的营养需要 …… (30)
第六节　维生素的营养需要 …… (36)

第四章　牛不同生长期饲养管理 …… (40)
第一节　犊牛饲养管理 …… (40)
第二节　后备期奶牛饲养管理 …… (47)
第三节　围产期奶牛饲养管理 …… (52)
第四节　泌乳期奶牛饲养管理 …… (55)
第五节　肉用牛饲养管理 …… (59)
第六节　牦牛饲养管理 …… (63)

第五章　羊不同生长期饲养管理 ………………………………（71）
第一节　绵羊不同生长期饲养管理 ………………………………（71）
第二节　山羊不同生长期饲养管理 ………………………………（76）

第六章　其他反刍动物不同生长期饲养管理 ……………………（80）
第一节　鹿不同生长期饲养管理 …………………………………（80）
第二节　骆驼不同生长期饲养管理 ………………………………（87）

第七章　反刍动物营养调控与环境互作 …………………………（90）
第一节　环境的温湿度 ……………………………………………（90）
第二节　环境的气体污染 …………………………………………（93）
第三节　环境的固体废物污染 ……………………………………（95）

第八章　反刍动物福利的推行与实施 ……………………………（97）
第一节　动物福利与反刍动物健康 ………………………………（97）
第二节　动物福利与反刍动物产品健康 …………………………（100）
第三节　反刍动物福利与牧场经济效益 …………………………（102）

第九章　反刍动物常见疾病防治技术 ……………………………（104）
第一节　牛常见疾病的防治 ………………………………………（104）
第二节　羊常见疾病的防治 ………………………………………（119）
第三节　鹿常见疾病的防治 ………………………………………（128）
第四节　骆驼常见疾病的防治 ……………………………………（131）

第十章　反刍动物产品与人类健康 ………………………………（133）
第一节　乳制品与人类健康 ………………………………………（133）
第二节　肉制品与人类健康 ………………………………………（135）
第三节　其他产品与人类健康 ……………………………………（136）

参考文献 …………………………………………………………（139）

第一章
概　　述

第一节　健康养殖概述

一、健康养殖的概念

健康养殖的理念是科学发展观在畜牧领域的具体体现，其科学内涵包括动物养殖全过程的安全、健康和动物性产品的安全、健康两方面，最终目的是保护人类的安全和社会的稳定。健康养殖的核心是给动物提供良好的有利于生长繁殖的立体生态条件，以便于生产出安全、优质、营养的动物产品。广义的健康养殖包括无公害养殖、绿色养殖、有机养殖三个层次的内容。狭义的健康养殖可理解为为养殖对象提供优良的环境、营养平衡的饲料、合理的饲养管理和科学的疾病防治措施，使其在生长发育期间最大限度地减少疾病的发生，使生产的食用产品无污染、个体健康、肉质鲜嫩、营养丰富，与天然鲜品相当。总之，健康养殖涉及生态学（包括环境生态学、动物微生态学）、动物营养学、环境科学、系统科学等，其本质是要对动物和人类的健康负责，这就意味着健康养殖最终要为人类提供安全、健康的营养食品。

二、畜禽健康养殖的概念

20 世纪 90 年代中后期，我国海水养殖界首先提出健康养殖的概念。最近在畜禽养殖业也开始提倡健康养殖。畜禽健康养殖是以安全、优质、高效、无公害为主要内涵，利用当代先进的畜牧兽医科学技术，建立数量、质量、效益和生态和谐发展的现代养殖业，从而实现基础设施完善、管理科学、资源节约、环境友好，经济、生态和社会效益高度统一的一项系统工程。换句话说，畜禽的健康养殖模式，就是以生态平衡的理论来指导养殖工作，通过合理的养殖措施、良好的养殖环境、健康均衡的饲料喂养，达到健康生长、高生产性能、低死亡率，从而保证畜禽及产品的健康发展，这是畜牧健康养殖技术的工作核心。我们必须明确的是安全、健康的动物性产品，是靠健康养殖“养”出来的，而不是靠检验检疫手段“检”出来的。健康养殖的关键控制点是动物、病原体和养殖环境。在实际工作中要强化畜牧业发展的立法、执法力度，加强科学技术的支撑作用，提高养殖企业的守法意识。

第二节　畜禽健康养殖的策略

一、强化畜禽健康养殖理念

传统畜牧养殖观念侧重于快速育肥、低成本养殖，随着人们对生活质量要求的提高，传统畜牧养殖方式不能满足消费者对畜牧产品的要求，尤其是注重健康饮食的消费者追求绿色无污染的畜禽产品。很多消费者热衷于购买绿色健康的肉类产品，通过绿色养殖方式生产的畜产品价格较高，从畜牧养殖长远效益来看，绿色发展是畜牧养殖业的发展趋势，是促进畜禽生产健康发展的关键。畜禽养殖业绿色发展需要提升生态意识，推动畜禽养殖业结构转变创新，践行畜禽养殖环境友好发展，拓宽绿色畜禽养殖宣传渠道。畜禽健康养殖技术推广应践行可持续发展理念，充分考虑土地环境承载力，减轻对养殖场周围环境的污染，对不同养殖阶段饲料进行精准配比，严禁使用添加剂超标的饲料。

二、强化粪污处理部门监管力度，制订完善的粪污处理方案

畜禽养殖业的快速发展伴随着严重的粪污处理问题，相关部门应提高职责意识，严格参照环境保护的准则对禽畜养殖业加以管控，在实践工作中加强方向指导，确保执法力度。其中产业布局规划应做好养区划分，确定养殖户的职责，在畜禽养殖的同时做好粪污治理，严禁随意排放。尤其是对初具规模的养殖场更应有效布局，要求粪污处理环节相互协调，积极引进先进设施，尽可能做到雨污分流，高效利用污水资源发挥其价值。如若在执法过程中发现部分养殖场排污治理不合乎标准，要配合有关部门进行调查，实施重点整治。

相关部门应通过现代化网络媒体途径，提高养殖户的发展意识，从全局

性角度入手，控制畜禽养殖各环节的工作，并提高对畜禽粪污处理方面的关注，将畜禽粪物治理作为自身义务加以落实，确保畜禽粪污治理效果。不仅如此，还应将相关法律法规传达给养殖户，使养殖户意识到畜禽粪污造成的环境问题涉及违法，要加大禽畜粪污处理强度，确保其满足相关质检标准。由相关部门引导、企业参与，建立专业化集中处理中心，探索畜禽粪污统一收集、集中处理模式，通过引入专业化处理机构，使畜禽粪污得到深度处理，减少二次污染，更彻底、更安全地变“废”为宝。此外，有效利用先进技术手段，制定完善的农牧结合发展模式，发挥禽畜粪便资源的应用价值，真正实现农业生态系统的有效循环。这一过程中，应鼓励农民施加有机肥，实现禽畜粪便的资源化应用，制定完善的防治机制，使农村生态环境得到优化，为民众身心健康营造良好的外在环境。

三、培育优良畜禽品种，降低药物使用和饲养成本

优良的畜禽品种是提高健康养殖效益的关键，由于畜禽品种的不同，生产性能也存在很大的差异，在畜禽生产力以及副产品方面也存在很大不同。所以选择畜禽品种过程中应当加强市场调研，并和养殖区域的具体实际充分结合，选择优良的畜禽品种。在选择畜禽品种过程中应充分考虑其体质情况以及生长速度，抗病能力和适宜的养殖环境等，通过应用先进的育种技术和手段（抗病基因的提取、转移及表达等技术），培育抗病力较强、生长良好、具有地方特色的畜禽品种，以减少各种药物使用，降低养殖户的饲养成本，并从源头上保证健康养殖的实施和推广。

畜牧业中使用抗生素可促进动物生长，提高饲料利用率，降低发病率和死亡率。然而长期使用抗生素导致细菌产生耐药性，畜禽肠道菌群失调，免疫机能下降，畜禽产品和环境中抗生素残留，对人类安全构成威胁。近些年，抗生素的滥用问题逐渐被世界各国及组织所重视，多种饲用抗生素相继被限用或禁止使用。2015 年我国禁止在食品动物中使用洛美沙星、培氟沙星、氧氟沙星、诺氟沙星等 4 种原料药的各种盐、脂及各种制剂；2019 年农业农村部 194 号文件和 246 号文件均明确规定了部分药物饲料添加剂品种的使用期限及禁用时限。抗生素的禁止使用无疑为畜禽健康养殖的推行提供了有效的保障。

四、推进标准化规模养殖和健康养殖模式

在现有集约化程度较高的养殖模式中，健康养殖的重点和难点就是如何

通过绿色无污染的养殖方式保证畜产品的产量，想要解决这一问题，既是机遇也是挑战。养殖人员一旦建立起了规模化的绿色养殖方式，其所生产的产品就会贴上绿色养殖的标签，且随着目前国民收入的提高，人们对于饮食的需求也已经由之前的解决温饱转变为健康绿色饮食，如畜禽业中的蛋鸡养殖，其生产的鸡蛋若是绿色无公害食品，则其附加产品价值会得到极大的提升，销量也会增长。

健康养殖的标准化模式是指系统内所实施或应用的各项养殖工艺或技术的集合。近年来，在我国的某些地区，标准化养殖模式已取得丰硕的成果。具体而言，标准化的模式途径主要包括：第一，生物发酵床零排放模式；第二，畜禽—沼气—果（林，蔬）—养殖“四位一体”的生态型模式；第三，饲舍散养工艺技术与装备模式；第四，微生态制剂配套干式养殖模式。这些模式的最大特点就是利用生物技术，实现立体生产和无废物生产，最大限度地利用资源和减少环境污染。逐步淘汰落后的传统养殖模式，改造提升与新建示范场同时进行，减少养殖场周边的环境压力。通过这些健康养殖方式为畜禽的生长提供有利环境，最终促进自然环境的提升及养殖效益的提高。

第二章

反刍动物的胃肠道消化吸收

第一节 反刍动物胃肠道发育特点

反刍动物的消化道由口腔、咽、食管、胃、小肠（十二指肠、空肠和回肠）、大肠（盲肠、结肠和直肠）和肛门组成。与单胃动物不同，反刍动物的胃为多室胃（复胃），包括瘤胃、网胃、瓣胃、皱胃4个胃室，合称前胃，皱胃又称真胃，可以分泌消化液消化饲料（图2-1）。前胃中起主要作用的是瘤胃，反刍动物把采食的饲料临时贮存在瘤胃中，在休息时，再通过反刍慢慢地消化。尽管瘤胃内无消化腺，不能分泌消化液，但由于瘤胃内微生物的作用，通过瘤胃的不断运动，使饲料与微生物充分地接触，使坚硬的饲料变得柔软、易于消化。

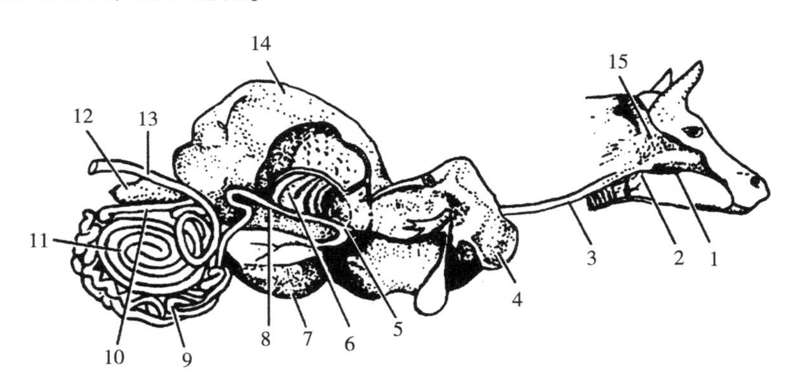

1. 口腔；2. 咽；3. 食管；4. 肝；5. 网胃；6. 瓣胃；7. 皱胃；8. 十二指肠；9. 空肠；10. 回肠；11. 结肠；12. 盲肠；13. 直肠；14. 瘤胃；15. 腮腺。

图2-1 牛胃肠道模式

（图片来源：《家畜解剖学及组织胚胎学》第四版，杨银凤主编，2011年）

一、口腔、咽、食管

牛唇短而厚，坚实且不灵活。牛唇上中部和两鼻孔之间的区域称为鼻唇镜，表面无毛，健康牛的鼻唇镜经常湿润且温度偏低，有鼻唇腺分泌的液体。牛唇黏膜上长有明显的纵沟，嘴角处的较长，尖端向后。羊唇薄而灵活，上唇正中有明显的纵沟，在鼻孔间形成无毛的鼻镜。唇黏膜上的角质乳头形状与牛相似。牙齿坚硬，是采食和咀嚼的器官。牛羊没有上切齿，只有臼齿（板牙）和下切齿，下切齿有 4 对，由内向外分别称为门齿、内中间齿、外中间齿和隅齿。鹿由于驯养时间短，其无上门齿，采食咀嚼后吞咽迅速。骆驼的唇由肌肉和唇腺构成，外面被皮肤覆盖，内部分布着黏膜，上下唇较长，运动灵活，长有触毛。上下颌各有一对切齿，上颌呈犬齿状，也称前犬齿，下颌呈楔状，无齿坎，排列位置与牛相似。牛舌宽厚，分为舌尖、舌体和舌根三部分。舌尖位于舌前端，较灵活，是采食的主要器官。舌尖与舌体交界处的两条黏膜褶是舌系带，与口腔底部相连。舌属于肌性器官，由舌肌和表面的黏膜组成。舌肌为横纹肌，背面的黏膜表面分布着许多形态和大小不一的突起，称为舌乳头。牛舌乳头分为 4 种：菌状乳头、轮廓乳头、锤状乳头和叶状乳头。骆驼的舌尖和舌体背侧面黏膜粗糙，长有乳头，也分为 4 种：菌状乳头、轮廓乳头、丝状乳头和豆状乳头。

牛的咽位于口腔和鼻腔的后方，喉和气管的前上方，是消化道和呼吸道共有的通道。咽部前上方经鼻孔通向鼻腔，前下方经咽峡通向口腔，后背侧经食管口通向食管，后腹侧经喉口通向气管，两侧壁经咽鼓管口通向中耳。口腔与咽之间的通道称为咽峡，由舌根和软腭组成。

食管是食物通过的肌质管道，连接咽和胃，按部位可分为颈、胸、腹三段。颈段食管开始于喉及气管背侧，到颈中部逐渐移至气管的左侧，经胸前口进入胸腔。胸段位于胸纵隔内，经过气管背侧继续向后延伸，穿过膈的食管裂孔（牛约与第九肋骨相对处）进入腹腔。腹段很短，与胃的贲门相连。牛的食管较宽，当食团经过时，管腔扩大，黏膜表面的皱襞展平，利于食团下行。食管的胸腔段背侧分布有淋巴结，当牛患结核病时，此处肿大，压迫食管，导致嗳气困难，并出现慢性瘤胃胀气。

二、胃

牛羊的胃分瘤胃、网胃、瓣胃和皱胃，前 3 个胃黏膜无消化腺，主要起贮存食物和发酵、分解纤维素的作用，常称为前胃。皱胃的黏膜内有消化腺，具有真正的消化作用，所以又称真胃。双峰骆驼的复胃结构与牛、羊不同，没有明显的瘤胃、网胃、瓣胃和皱胃之分，主要由前胃和皱胃组成。前胃分为两室，第一室外形类似牛羊的瘤胃，容积很大，有两个腺囊区；第二室很小，有一个腺囊区，这些腺囊区是牛羊没有的。双峰骆驼的皱胃比牛的大而长，其黏膜形态和颜色与牛、羊也不相同。鹿属动物也具有庞大的复胃消化系统，其消化道长度介于牛和羊之间，日粮消化主要靠瘤胃微生物发酵，且瘤胃微生物区系建立相对牛羊要早。

（一）瘤胃

瘤胃是成年奶牛最大的胃，约占四个胃总容积的80%，呈前后稍长，左右略扁的椭圆形，占据腹腔的左半部，下半部延伸至腹腔的右半部。前端与网胃相连接，与第七、第八肋骨间隙相对，后端到达骨盆前口。左侧面是壁面，紧挨脾、膈及左侧腹壁；右侧面是脏面，邻近瓣胃、皱胃、肠、肝脏、胰腺等。背侧和腹侧凸起，前者与腰肌、膈肌的两端相连，后者与腹腔底壁接触。瘤胃的前端和后端有较深的沟，左右两侧面有较浅的纵沟。瘤胃内部分为瘤胃背囊和瘤胃腹囊两部分，在瘤胃背囊和腹囊的前后两端，分别形成前背盲囊（瘤胃房）、后背盲囊、前腹盲囊（瘤胃隐窝）和后腹盲囊。瘤胃入口处为贲门，位于瘤胃和网胃交界处。瘤网胃口的腹侧和两侧有向内折叠的瘤网胃襞，背侧形成一个穹隆，称为瘤胃前庭。瘤胃前庭顶壁通过贲门与食管相连接。瘤网胃口腹侧和两侧为瘤网褶，其外表对应瘤网沟。

瘤胃壁由黏膜、黏膜下层、肌膜和浆膜构成。瘤胃黏膜呈棕黑色或棕黄色，表面有很多密集的乳头，长的达到1 cm，内部含有丰富的毛细血管，瘤胃腹囊、盲囊和瘤胃上皮的乳头最发达。黏膜上皮为复层扁平上皮，无腺体。黏膜下层为疏松的结缔组织，并含有淋巴组织。肌膜很发达，外层由外斜纤维和内环肌构成，内层由内斜纤维构成。肌膜外层为浆膜。瘤胃的特殊结构为许多共栖微生物提供了良好的生存环境。

（二）网胃

网胃在四个胃中容积最小，成年牛的网胃约占四个胃总容积的5%，羊的网胃略大。网胃外形呈梨状，前后稍扁，位于季肋部正中矢面两侧、瘤胃房的前下方，与第六至九肋骨相对。网胃后上方有较大的瘤网胃口，瘤网胃口的右下方是网瓣口，通向瓣胃。网胃的位置较低，与心包距离很近，仅以膈相隔，因此被误食的铁钉、铁丝等金属异物进入网胃后，在胃壁肌肉的强力收缩下，常可穿透胃壁和膈刺入心包，诱发创伤性心包炎。

自贲门沿瘤胃房和网胃右侧壁，向下至网瓣口有一条网胃沟。犊牛时期称为食管沟，机能完善，犊牛喝牛奶时食管沟扭转闭合成管状，使牛奶由贲门经食管沟和瓣胃沟直达皱胃，成年奶牛的食管沟闭合不严。网胃壁与瘤胃有相似的组织结构，黏膜上有许多网格状褶皱，形似蜂巢，因此又被称为蜂巢胃。网胃收缩时胃腔几乎完全闭合，与反刍时逆呕有关。

（三）瓣胃

牛的瓣胃占四个胃总容积的7%～8%，形状呈稍扁的球状，与体表第7～11肋骨的下半相对。羊的瓣胃呈卵圆形，在四个胃中体积最小，与体表第八至十肋骨的下半相对。瓣胃上部通过网瓣口与网胃相通，下部通过瓣皱口与皱胃相通。瓣胃壁与膈、肝脏等接触，脏面紧贴瘤胃、皱胃等。瓣胃的黏膜形成百余片瓣胃叶，因此又可称为百叶胃。瓣胃叶似新月形，附着于瓣胃弯，游离缘凹，朝向瓣胃底。瓣胃叶宽窄不一，分为大、中、小和最小四级，相间排列，瓣胃叶上分布着许多乳头。瓣胃底部无瓣胃叶，形成瓣胃沟，沟的两侧有黏膜褶。瓣胃沟与大瓣胃叶游离缘之间称为瓣胃管，瓣皱口有一对低矮的黏膜褶是皱胃帆，有启闭作用。瓣胃叶的肌组织较发达，可研磨食物。

（四）皱胃

皱胃又称真胃，呈前端粗、后端细的弯曲的长囊形，成年牛的皱胃占胃总容积的7%～8%。位于右季肋部和剑状软骨部，在瘤胃腹囊和网胃右侧、瓣胃的腹侧和后方，体表对应第8～12肋骨。皱胃可分为胃底部、胃体部和幽门部。胃底部粗大，在剑状软骨部偏右侧，部分附着于网胃，与瓣胃相连。幽门部狭窄，与十二指肠相连。胃体部沿瘤胃腹囊和瓣胃之间向后方延伸，皱胃腹侧称为大弯，与腹腔底壁接触；背侧称为小弯，与瓣胃接触，腔面有皱胃沟。

皱胃结构与单胃动物的胃相似，由黏膜、黏膜下层、肌层和浆膜组成。黏膜光滑而柔软，在胃底和胃体部形成12～14片螺旋形大皱褶，增加胃黏膜的表面积。黏膜上皮内含有大量的腺体，分为3个区域：贲门腺区、胃底腺区和幽门腺区。贲门腺区围绕瓣皱口，黏膜颜色淡；胃底腺区分布在胃底和胃体，黏膜呈灰红色；幽门腺区临近十二指肠，黏膜略呈黄色。贲门腺区和幽门腺区有分泌黏液的功能，可保护胃黏膜，胃底腺的分泌物有分解蛋白质的作用。肌膜由外纵层和内环层组成。外膜为浆膜。

新生犊牛因吃牛乳，皱胃特别发达，容积是瘤胃和网胃总体积的2倍大。随着犊牛长大，采食植物性饲料的能力增强，瘤胃开始发育，12 周龄时瘤胃和网胃的总容积达到皱胃容积的 2 倍，4 个月后前胃发育速度加快，瘤胃和网胃总容积约等于皱胃的 4 倍。一岁半时，瓣胃和皱胃的容积几乎相等，4 个胃的容积基本接近成年牛。

三、肠

小肠包括十二指肠、空肠和回肠三部分。第一段的十二指肠是一根短的肠系膜，附着于腹腔壁上，位于右季肋部和腰部，起始于胃部的幽门括约肌。第二段是空肠，是小肠中最长的一段，形成许多肠圈，借肠系膜附着于结肠旋袢周围，形似花环状，大多数分布于腹腔右侧，少部分绕过瘤胃后端分布于腹腔左侧，肠壁内淋巴集结较大。第三段是回肠，短而直，牛长约 50 cm，羊长约 30 cm，骆驼 30~50 cm。回肠与盲肠之间有回盲壁相连。小肠终止于回盲瓣，内壁黏膜上有许多环形襞和小肠绒毛，以增加与食物的接触面积。牛小肠平均长 40 m，直径 5~6 cm；羊小肠平均长 25 m，直径 2~3 cm。骆驼小肠长 27.5~33 m。

大肠包括盲肠、结肠和直肠，管径比小肠略粗。牛的大肠长 6.4~10 m，羊长 7.8~10 m，骆驼长约 15 m。盲肠为圆筒状的盲管，自回肠口起向后伸延，末端游离，向后可到达骨盆前口，羊的盲肠常深入骨盆腔内。牛盲肠长 50~70 cm，羊长约 37 cm，骆驼 50~85 cm。在腹侧借回盲壁与回肠相连，在回肠口前方与结肠相连。结肠分为升结肠、横结肠和降结肠三部分，牛长约 10 m，羊长 4~5 m，骆驼长 13~14 m。升结肠最长，依次分为近袢、旋袢和远袢。近袢呈“S”形，从回肠口起向前伸至第 12 肋骨下端，再折转向后沿盲肠背侧伸至骨盆前口，然后再折转向前。近袢大部分位于右髂部，在小肠和旋袢的背侧。肠系膜左侧前行至第 2~3 腰椎腹侧延续为旋袢，远袢位于近袢内侧，向后至第 5 腰椎处，再折转向前，沿肠系膜右侧前行至最后胸椎处，最后急转向左延续为横结肠。横结肠很短，为自右向左横越肠系膜前动脉前方的一段结肠，左侧折转向后为降结肠。降结肠是结肠的后段，沿肠系膜根的左侧面后行，在骨盆前口处形成“S”形弯曲，称乙状结肠，入盆腔后延续为直肠。直肠位于骨盆腔内，前部约 3/5 为腹膜部，借肠系膜悬挂于盆腔顶壁。直肠后端变细，形成肛管，是消化道的末端，以肛门与外界相通。肛门有内括约肌、外括约肌和肛提肌。内外括约肌的主要作用是关闭肛门，肛提肌的作用是排粪后将肛门缩回原位。

第二节　瘤胃微生态与功能

瘤胃微生物主要由细菌、古生菌、厌氧真菌、原虫和少量噬菌体组成。

一、瘤胃细菌及功能

反刍动物通常以木质纤维素性的农副产品作为饲料来源，例如富含纤维素、半纤维素、木质素、淀粉、蛋白质以及少量脂类的原料。瘤胃内细菌种类繁多，相互协调，共同在这些底物的降解过程中发挥作用，产生挥发性脂肪酸（VFA）和微生物蛋白。饲喂高粗饲料日粮的反刍动物瘤胃细菌的特征为：①大部分细菌属于革兰氏阴性菌，当日粮中能量饲料含量增加时革兰氏阳性菌数量增加；②大部分细菌为绝对厌氧菌，其中部分细菌对氧气十分敏感，遇到氧气即会死亡。一些瘤胃细菌要求很低的氧化还原电位（350 MV）；③瘤胃细菌最适生长 pH 范围为 6.0～6.9；④瘤胃最适温度平均为 39℃；⑤瘤胃细菌可以耐受高浓度的有机酸而不影响它们的代谢。

二、瘤胃古生菌及功能

瘤胃古生菌主要是产甲烷菌，不同反刍动物的瘤胃中含有不同种属的产甲烷菌，例如甲酸甲烷杆菌（*Methanobacterium formicicum*）、反刍兽甲烷短杆菌（*Methanobrevibacter ruminantium*）、可活动甲烷微菌（*Methanomicrobium mobile*）、巴氏甲烷八叠球菌（*Methanosarcina barkeri*）等。瘤胃中甲烷菌的数量依据日粮类型的不同存在很大差异，尤其是纤维性饲料的比例。产甲烷菌在瘤胃发酵过程中的作用是清除产生的氢气。依附在原虫表面的细菌和内毛虫之间有紧密的联系。已经发现内毛虫的 11 个种依附在甲烷菌上，例如长核内毛虫（*Entodinium longinucleatum*）、囊袋内毛虫（*Entodinium bursa*）和牛单甲虫（*Eremoplastron bovis*）等，产甲烷菌通过这些内毛虫相互依附从而不断获得氢气。

三、瘤胃原虫及功能

19 世纪 Gruby 等首次在家畜的瘤胃中发现了原虫，直到 1920 年，研究者们对瘤胃原虫的形态特征和生化作用进行了鉴定。由于原虫的体积较大，可以根据原虫的形态分为：纤毛虫和鞭毛虫。纤毛虫又被分为贫毛虫和全毛虫两类。贫毛虫只有口缘部或其他个别部位有纤毛。全毛虫几乎全部被纤毛覆盖。瘤胃中纤毛原虫有40多种，多为厌氧原虫，其数量仅次于细菌，每毫升瘤胃液中原虫的数量可以达到100万个以上。纤毛原虫体内有许多酶类，可分解糖类，产生乙酸、丁酸、乳酸以及丙酸、二氧化碳和氢，但其代谢产物总量远低于细菌。大多数纤毛原虫可吞噬淀粉颗粒，并降解淀粉和植物中的果胶、半纤维素等糖类，降低瘤胃酸中毒发生的可能性。另外，纤毛虫具有水解不饱和脂肪酸、降解蛋白质等能力，能显著提高饲料的消化率与利用率，并能促进挥发性脂肪酸（VFA）的产生。纤毛虫体蛋白质的生理价值与菌体蛋白相同，消化率比菌体蛋白高。因此，在肉牛生产实践中，不建议在饲料中添加消除或杀灭原虫的饲料添加剂。

四、瘤胃真菌及功能

1975年，Orpin首次证实带鞭毛的游动孢子是严格厌氧的真菌，在此之前，游动的孢子被认为是鞭毛虫。瘤胃真菌是严格厌氧菌，约占瘤胃微生物的8%，可以利用植物多糖和可溶性单糖，将氨作为氮源，产生乙酸和氢。其主要作用是消化低质粗饲料。纤维性日粮比早期可发酵的碳水化合物日粮更能刺激瘤胃真菌的生长。颗粒性饲料通过胃肠道的时间较短，因此不支持瘤胃厌氧真菌的生长。真菌除分泌纤维素酶和半纤维素酶外，还有分泌蛋白酶和酯酶的功能，因此真菌优于纤维降解菌，更能穿透饲料颗粒。

五、噬菌体及功能

噬菌体是细菌的病毒，在瘤胃中它们对不同的细菌有不同的作用。噬菌体作为细菌的病原体能够裂解细菌，有助于细菌在宿主体内的扩繁。

第三节　反刍动物对营养物质的消化吸收

反刍动物牛、羊的消化特点是前胃以微生物消化为主，主要在瘤胃内进行。皱胃和小肠的消化与非反刍动物类似，主要是酶的消化。反刍动物的真胃和肠道对三大营养物质的消化和吸收与单胃动物无差异。但由于反刍动物瘤胃中微生物的作用，使反刍动物对三大营养物质的消化与单胃动物相比有很大的不同。

一、蛋白质的消化吸收

瘤胃的饲料蛋白质经微生物降解成肽和氨基酸，其中多数氨基酸又进一步降解为有机酸、氨和二氧化碳。瘤胃液中的各种支链酸，大多是由支链氨基酸衍生而来，如缬氨酸转变为异丁酸和氨。微生物降解所产生的氨与一些简单的肽类和游离氨基酸，又被用于合成微生物蛋白质。

瘤胃液中的氨是蛋白质在微生物降解和合成过程中的重要中间产物。瘤胃液中氨的最适浓度范围为85~300 mg/L。日粮蛋白质不足或当日粮蛋白质难以降解时，瘤胃内氨浓度较低（<50 mg/L）。瘤胃微生物繁殖较慢，碳水化合物的分解利用也受到抑制。反之，若蛋白质降解速度比合成快，氨就会积聚在瘤胃内并超过微生物所能利用的最大氨浓度。此时，多余的氨被瘤胃壁吸收，经过血液输送到肝脏，在肝中转变成尿素。生成的尿素大部分随尿液排出体外，少部分可经唾液和血液返回瘤胃，合成微生物蛋白。饲料供给的蛋白质少，瘤胃液中氨浓度就低，经血液和唾液以尿素形式返回瘤胃的氮的数量可能超过以氨的形式从瘤胃吸收的氮量，这种就意味着转移到后段胃肠道的蛋白质数量可能比饲料蛋白质多。因此，瘤胃微生物对反刍动物蛋白质的供给具有一种“调节”作用，能使劣质蛋白质品质改善，优质蛋白质生物学价值降低。

二、碳水化合物的消化和吸收

（一）粗纤维的消化吸收

反刍动物消化粗饲料的主要场所是前胃，即瘤胃、网胃和瓣胃。前胃内微生物每天消化的碳水化合物占采食粗纤维和无氮浸出物的70%~90%。其中瘤胃相对容积大，是微生物寄生的主要场所，每天消化的碳水化合物量占总采食量的50%~55%，具有重要营养意义。饲料中粗纤维被反刍动物采食后，未完全咀嚼就吞咽入瘤胃内。瘤胃细菌具有分泌纤维素酶的能力，能将饲料中的纤维素和半纤维素分解为乙酸、丙酸和丁酸。受日粮结构的影响，三种脂肪酸的含量会产生显著差异。一般而言，精料比例较高时，乙酸含量减少，丙酸含量增加，反之亦然。瘤胃壁能吸收约75%的VFA，皱胃和瓣胃壁吸收约20%的VFA，其余5%由小肠吸收。吸收速度取决于碳原子含量，碳原子数量越多，吸收速度越快，丁酸吸收速度大于丙酸。三种VFA参与机体碳水化合物代谢，通过三羧酸循环形成高能磷酸化合物（ATP），产生热能，为动物提供能量。乙酸和丁酸主要用于合成乳脂肪，丙酸主要用于合成葡萄糖和乳糖。未被分解的纤维性物质继续向下到达盲肠和结肠，经细菌发酵产生 VFA、二氧化碳和甲烷。VFA 被肠壁吸收，参与代谢，二氧化碳、甲烷与未被消化的纤维性物质由肠道排出体外。

（二）淀粉的消化吸收

反刍动物唾液中淀粉酶的含量和活性较低，因此饲料中的淀粉在口腔中几乎不被消化。进入瘤胃后，在细菌的作用下发酵分解为 VFA 与二氧化碳，VFA 的吸收代谢途径与纤维素基本相同，瘤胃中未消化的淀粉和碳水化合物转移至小肠，在小肠胰淀粉酶的作用下分解为麦芽糖。在有关酶的作用下进一步转化为葡萄糖。并被肠壁吸收，参与代谢。小肠中未消化的淀粉进入盲肠和结肠，经细菌发酵产生 VFA，被肠壁吸收。

三、脂肪的消化吸收

在瘤胃微生物作用下，被反刍动物采食的饲料中的脂肪发生水解，产生甘油和各种脂肪酸。其中包括饱和脂肪酸和不饱和脂肪酸。不饱和脂肪酸经过氢化作用后可转变为饱和脂肪酸。甘油很快被微生物分解成 VFA。VFA 进入小肠后被消化吸收，随血液运送至机体各器官组织，变成体脂肪贮存于脂肪组织中。

第三章
反刍动物的营养需要

第一节　干物质采食量

干物质采食量（DMI）通常指动物在一定时间内采食饲料中干物质的总量。可作为反刍动物饲养中重要的指标之一，决定了动物健康和生产所需养分的数量。正确估计 DMI 是科学配制反刍动物日粮的前提，可防止养分供给不足或过剩、促进养分有效利用。

根据采食性质，DMI 可分为随意干物质采食量、实际干物质采食量和规定干物质采食量。随意干物质采食量指单个动物或群体在自由接触饲料的条件下，一定时间内采食饲料中干物质的总量。体现动物的本能需要量，一般随动物体重或日龄增加而提高。实际干物质采食量指在实际生产中，一定时间内实际采食饲料中干物质的总量。在自由采食时，实际干物质采食量一般与随意干物质采食量相近，但在采用特殊饲喂技术（如强饲）时，实际干物质采食量则大于随意干物质采食量。规定干物质采食量是通过大量动物试验而确定的动物不同生产阶段的采食量，是动物某一阶段的平均采食量。规定干物质采食量随动物生长阶段呈阶梯式增加。

一、反刍动物干物质采食量的预测

采食的饲料能量浓度较低（如采食粗料）时，反刍动物 DMI 随能量浓度增加而增加，当能量浓度超过一定的阈值（日粮干物质消化率约为 66%，代谢能约 9.2 MJ/kg）时，DMI 随能量浓度增加而降低。

对于泌乳期反刍动物期望的 DMI，可参考以下公式进行计算：

泌乳早期：DMI(kg)=[产奶量(kg)×0.29]+[体重(kg)×0.02]×0.95

泌乳中/后期：DMI(kg)=[产奶量(kg)×0.29]+[体重(kg)×0.02]

二、反刍动物干物质采食量的影响因素

反刍动物 DMI 取决于多种因素，如动物体况、生理阶段、产奶量、日粮因素（能量水平、物理特性、补给量）、饲养管理（饲喂方法、频率、奶牛与饲料的接触面积）等，下面对这些因素一一进行阐述。

（1）动物体重。DMI 与体重或代谢体重呈正相关，实践中可用占体重的百分率来表示采食量。反刍动物 DMI 一般占体重的 2%~4%。同一动物随体重的增加，采食量占体重的百分率下降。同一品种且性别相同的动物，其采食量主要决定于体重或代谢体重。

（2）生理阶段。动物的生理阶段对 DMI 的影响机理与物理调节和化学调节（主要是激素分泌的影响）有关。母畜发情时，一般 DMI 下降，甚至停止采食。如母羊在妊娠后期，因妊娠内容物压迫胃肠道，同时血液中含有高浓度的雌激素，导致采食量降低；产羔后，胃肠道紧张度减轻，且能量需求增加，采食量显著增加，在产羔后一个月采食量达到高峰。

（3）生产水平。一般而言，生产水平越高，动物食欲越强，采食量越高。但对泌乳家畜而言，采食量不完全与生产水平同步提高。如泌乳奶牛在产奶高峰期，采食量不能满足泌乳需要，导致体组织的大量动员。

（4）饲养管理。动物处于拥挤、运输和环境温度等应激环境均会降低 DMI。因为应激使体内肾上腺素和去甲肾上腺素分泌增加，引起糖原和脂肪加速分解，血糖浓度提高，从而降低采食量。当温度低于或超出反刍动物热中温区范围时，采食量也会改变。同时，增加饲喂频率能提高 DMI，从而提高产奶量。与每日饲喂 1~2 次相比，每日饲喂 4 次或 4 次以上可平均提高乳脂率 7.3%，平均产奶量提高 2.7%。TMR 混合技术可以提高 DMI，此技术将饲料原料根据配方设计的成分比例充分混合，有效地为动物提供养分，使瘤胃发酵更平稳。

（5）日粮组成。日粮精粗比影响 DMI，在精粗比为 0：100 到 10：90 的日粮中，谷物精料的增加导致粗饲料干物质采食量的增加。但当精料比例从 10%增加到 70%时，粗饲料干物质采食量反而降低。当日粮中非纤维性碳水化合物（NFC）含量低于或等于 30%，DMI 显著降低；因为中性洗涤纤维（NDF）不易消化，在饲喂高 NDF 日粮时，瘤胃充满程度直接限制 DMI。当 NDF 含量高于 25%时，随着 NDF 水平的提高，DMI 总体趋于下降。因此，在一定水平下，DMI 是随着易消化碳水化合物比例的提高及 NDF 含

量的下降而增加。

三、肉牛的干物质采食量需要及提高措施

肉牛需要采食大量饲料干物质才能满足自身维持需要和生长育肥需要。以国内肉牛养殖水平，每增重 1 斤（1 斤=500 g，全书同），需要 6.5~7 斤干物质。在动物健康、饲料营养均衡的前提下，干物质在很大程度上决定了肉牛增重速度。

体重是决定肉牛采食量的主要因素，肉牛体重在达到 350 kg 前的日采食量增加迅速，之后增加缓慢。在年龄和体重不相同的情况下，大型品种相对小型品种采食量高，公牛比母牛采食量高。一般来说，公牛的采食量比阉牛多 10%，高的可达 15%；阉牛的日采食量比母牛多 10%~30%。如前文提到，同一动物随体重的增加，采食量占体重的百分率降低。以下为肉牛干物质采食量标准：

100~250 kg 阶段：DMI（kg）=体重（kg）×2.5%

250~400 kg 阶段：DMI（kg）=体重（kg）×2.2%

500 kg 以上阶段：DMI（kg）=体重（kg）×2.0%

DMI 提高措施。肉牛处于发情期或临产期，受激素影响，采食量会降低，这属于正常生理现象。当肉牛体脂过高、身体脂肪沉积过多，采食量也会下降。因此在育肥后期，牛的精料配料要注意能量蛋白比平衡，如果日粮脂肪或能量含量高，牛易过早上膘，影响最终出栏体重；同时要注重肉牛健康，寄生虫不但跟动物争夺营养，其代谢产物也会严重损害肉牛消化系统功能，肠胃功能虚弱，引起采食量下降；另外，还应降低肉牛应激，保证饮水及饲料含水量。建议饮水与采食的间隔时间至少 2 h；提倡饲喂 TMR 日粮；同时，在粗饲料处理时，进行秸秆切短（3 cm 左右），干草切段（8~10 cm），可有效提高适口性和采食量。

四、奶牛的干物质采食量需要及提高措施

母牛分娩后，在泌乳前期产奶量快速增加，通常在产后 8~10 周达到产奶高峰，但奶牛 DMI 的高峰通常出现在产后 10~14 周，因此，奶牛在泌乳初期往往存在营养负平衡，为了缓解这一问题，现代牧场常采用饲喂较高浓度的饲料来弥补这两者之间的差异。同时我们应经常注意提高奶牛摄入干物质的能力，避免分娩后因采食量不足所带来的营养负平衡。一般来说，泌乳牛每增加 1 kg 干物质摄入量，产奶量将增加 2 kg。

在 NRC（1989）的版本中，预测泌乳牛 DMI 以能量需要为基础，可表示为：

DMI（kg）= NE_L 需要量（Mcal）/日粮中 NE_L 浓度（Mcal/kg）

式中，产奶净能（NE_L）包括用于维持、产奶和补偿体重损失需要的能量。预测的干物质采食量还需要进行校正，在产奶最初 3 周阶段 DMI 预测值应减少 18%；当饲喂发酵饲料时，日粮水分含量在 50%基础上，水分含量每提高 1 个百分点，每 100 kg 体重的 DMI 减少 0.02 kg。

荷斯坦泌乳奶牛 DMI 预测：

$$DMI\ (kg/d) = (0.372 \times FCM + 0.0968 \times BW^{0.75}) \times (1 - e^{-0.192 \times (WOL+3.67)})$$

式中，FCM = 4%校正乳产量（kg/d）；BW = 体重（kg）；WOL = 泌乳周龄；$1-e^{-0.192\times(WOL+3.67)}$ = 校正乳早期 DMI 下降的校正项。此法预测最初 10 周 DMI 结果与实际观测值非常接近。

DMI 提高措施如下。

（1）提供优质粗饲料。优质的粗饲料可提供足够的有效纤维，保证奶牛瘤胃健康；可提供易消化的 NDF，提高粗料能量，减少精料用量，降低瘤胃酸中毒的危险；饲喂甜菜粕、大豆皮、玉米副产品等高纤维饲料，可以在一定程度上弥补粗饲料质量的不足；提供优质的苜蓿干草和青贮饲料，严禁饲喂发霉变质的青贮饲料。

（2）日粮营养要均衡。合理配制日粮、保持营养平衡是增加 DMI 的重要方法。当精料添加较多时，加入一定量的小苏打（每日每头 50 ~ 150 g）可有效缓解瘤胃 pH 值的下降，预防蹄叶炎和瘤胃酸中毒。奶牛运动场中应有矿物质舔砖，饲料中要有必要的微量元素和维生素，尤其是微量元素钴和维生素 A、维生素 D、维生素 E 和维生素 B_{12} 等。NDF 应控制在 19% ~ 21%，ADF 28% ~ 35%，NFC 33% ~ 40%，蛋白质在 17% ~ 18%，可降解蛋白在 60% ~ 65%，过瘤胃蛋白在 35% ~ 40%。

（3）饲料的调制。奶牛干物质采食量中粗饲料占有较大比例，因而对粗饲料进行合理调制可显著增加采食量。例如对粗饲料进行切短、压扁、浸泡、揉碎以及氨化处理等，可以有效打开秸秆外壳，使瘤胃微生物顺利进入饲料内部，增加其与饲料的接触面积，提高微生物消化作用。精饲料的调制不要粉碎过细，否则会使瘤胃 pH 值迅速下降，影响瘤胃中纤维素和半纤维素分解菌的相对丰度。精饲料的加工粒度以 0.9 ~ 2.5 mm 为宜，即粉碎机的筛目为 8 ~ 20 目。有条件的奶牛场应采用 TMR 日粮，TMR 日粮水分控制在 45% ~ 55%较为合适。

（4）饲料的搭配。精粗比是影响 DMI 的重要因素。一般来说，在产奶高峰期，精粗料的干物质比例以不超过 60：40 为宜。如果粪便过稀或精神沉郁，则需相应减少精料，增加粗料。饲料原料应多样化、增加适口性。如搭配一些糖蜜、玉米青贮以及糟渣等。

（5）饲喂方式。在饲料尤其是粗饲料的消化过程中，奶牛自身会产生一定热量，这是夏季采食量降低的重要原因。因此，夏季要在凉爽的夜晚或清晨饲喂奶牛，而且喂一些质量较高的粗饲料，一般先粗料后精料或者是混合饲喂；饲喂清洁、新鲜的饲料，少添多喂，可增加采食量，有效地降低瘤胃酸度，增加营养物质的吸收率；一般奶牛的粗饲料多采取自由采食的方式饲喂，保持饲槽清洁，并保证始终有不少于 10% 的粗饲料剩余量；保持日粮结构稳定，禁忌突然更换饲料，增减饲料要逐渐缓慢进行，以利于瘤胃微生物的逐渐适应。

（6）舒适的环境。为奶牛提供良好的运动场环境，夏季注意防暑降温、冬季注意保暖，尽量减少热应激或者冷应激。

（7）充足清洁的饮水。奶牛要能随时喝到清洁饮水。水温要适宜，冬季饮温水，夏季饮凉水可增加饮水量。

（8）合理分群和转群。根据奶牛的不同生理阶段，合理分群可以避免一部分奶牛由于体重小和在牛群中的地位太低而吃不饱的现象，头胎牛最好单独组群；转群时不要单独将一头牛转舍，新产牛不要过早转入泌乳牛大棚。

（9）其他方面。对犊牛去角，有助于减少牛群打斗和损伤；对牛群适时修蹄，可以保证蹄质良好；给奶牛提供足够的采食空间和时间，每天接触饲料的时间应该在 22 h 左右，不应低于 20 h；加强围产期奶牛的管理等，也是增加其采食量的有效措施。

五、肉用绵羊的干物质采食量需要

DMI 是动物营养需要量模型的重要组成部分，DMI 精准预测是肉羊精准饲养的基础，在指导肉羊生产中具有重要意义。DMI 受动物因素如体况、生理阶段、产奶量、日粮因素如能量水平、物理特性、补给量及环境因素等的影响，如今使用较广的肉羊 DMI 预测模型主要有 CNCPS-S（2004）预测模型、英国 AFRC（1998）预测模型以及美国 NRC（2007）预测模型，其中 CNCPS-S 认为 DMI 主要受代谢体重（MBW）和平均日增重（ADG）影响；AFRC 认为 MBW 和日粮代谢能（ME）是影响 DMI 的主要因素；NRC

预测模型中的影响因子为体重（BW）和相对成熟度（RM），其中 RM = BW/成年体重。我国已利用多元回归法建立肉用绵羊 DMI 预测模型，采用方差分解方法解析肉用绵羊 DMI 的影响因素。以下为预测公式：

$$DMI = 98.48 \times MBW - 379.70 \times RM + 1.55 \times ADG + 6.04 \times DM + 26.38 \times ME + 6.42 \times ADF + 172.45 \times Ca - 1\,271.67$$

六、鹿的干物质采食量

随着生活水平的提高，消费者越来越注重食用肉内在质量，鹿肉脂肪少、柔软、含胆固醇低、蛋白质高，因此市场上对鹿肉的需求不断增长。在一些综合性农场，养鹿是一种辅助副业，是重要的收入来源。在我国饲养的鹿类动物主要有梅花鹿、马鹿（又名赤鹿）、驯鹿、麋鹿、水鹿、白唇鹿、坡鹿及驼鹿等，其中马鹿和梅花鹿饲养最为广泛，主要集中在吉林、辽宁、黑龙江、内蒙古、新疆等地，以圈养为主，部分地方也开展放牧补饲。

马鹿的采食量有明显的季节性变化，夏季采食量大、冬季小，从而使体重和增重引起相应的上下波动；小鹿、成年鹿、雄鹿、去势鹿和雌鹿或大或小都有此特性。建议的不同季节、生理状况和年龄马鹿的 DMI 采食量（DMI，kg）如表 3-1 所示。

表 3-1　不同季节、生理状况和年龄马鹿的日干物质进食量　（单位：kg）

季节	母鹿		公鹿		生长鹿	
	状态	DMI	状态	DMI	年龄（月）	DMI
秋季	干乳期/断乳期	1.7	发情期	0~3.0	3~5	1.4
冬季	妊娠中期	2.0	维持期	3	6~8	1.3
春季	妊娠后期	2.3	增重期	4	9~11	2.0
夏季	泌乳期	3.0	增重期	4	12~15	2.2

梅花鹿公鹿夏季干物质的采食处于一年中最高水平，为 78 ~ 80 g/(kg$^{0.75}$·d)；秋季发情期为一年中最低水平，为 41 ~ 60 g/(kg$^{0.75}$·d)；冬季处于一年中持续低谷状态，为 70 ~ 75 g/(kg$^{0.75}$·d)，体重为一年中最低水平，营养处于负平衡状态。

七、骆驼的干物质采食量

骆驼是一种耐粗饲、耐干旱、抗风沙、个体高大的动物，长期生活在干燥的荒漠地区，是荒漠、半荒漠地区的主要畜种。骆驼具有多种经济性状和生产性能，既可供使役，又能生产绒毛、肉、乳等，一身兼有多种用途。骆驼和牛羊等反刍动物在蛋白质、葡萄糖、脂肪酸和酮等的代谢有显著不同，骆驼对干物质、粗纤维、纤维素和粗蛋白质的消化能力显著高于其他反刍动物和非反刍动物。

由于骆驼前胃的独特结构和固相颗粒在瘤胃内的长时间滞留，使骆驼对植物干物质和粗纤维的消化能力比牛羊等反刍动物强。骆驼的采食受草场植被种类及季节变化的限制，在放牧条件下，随着季节和可食牧草的不同，骆驼每天采食6~12 h，DM采食量在5~55 kg/d，骆驼的DM摄取量大约占体重的2.45%或者104 g DM/$W^{0.75}$；日增重137.5 g的幼年生长期骆驼采食DM占体重的1.33%或者56.6 g DM/$W^{0.75}$；泌乳期骆驼的干物质采食量[9.3 kg/(峰·d)]大于干奶期骆驼[6.7 kg/(峰·d)]；骆驼的维持能量需要为平均453.1 kJ ME /$W^{0.75}$。

第二节 能量的营养需要

动物机体为维持必要生命活动（如心脏跳动、呼吸、代谢活动、维持体温、血液循环等）和生产活动（如增重、繁殖、泌乳等）均需消耗能量。能量是饲料中的重要成分，也是反刍动物生产性能的限制性因素。常用于反刍动物的能量饲料大致分为三类，即禾本科籽实类、糠麸类以及块根块茎类等。禾本科籽实类有玉米、大麦、高粱、稻谷等；糠麸类有麸皮、米糠等；块根块茎类有甘薯、马铃薯等。

动物所需的能量有75%~85%来源于日粮中的碳水化合物，其大部分在瘤胃内被微生物利用产生有机酸而氧化提供ATP，小部分在瘤胃后消化道分解代谢提供能量，在维持生产性能和机体代谢等方面发挥重要作用。饲料中有55%~95%的碳水化合物在瘤胃内被各种微生物降解成各种单糖，经酵解转化为丙酮酸，最终降解为挥发性脂肪酸（VFA）（乙酸、丙酸、丁酸），约95%的VFA被瘤胃壁吸收，约20%经皱胃和瓣胃壁吸收，约5%经小肠吸收，只有少量的淀粉能直接进入皱胃，在皱胃和小肠内受消化酶的作用而分解，并以葡萄糖的形式直接吸收。因此，日粮中碳水化合物结构是否合理对动物生长和健康有很大影响，譬如奶牛生产中出现的瘤胃健康问题和能量负平衡问题均与碳水化合物代谢有关。当碳水化合物和脂肪等物质提供的能量不足时，犊牛或育成牛表现为生长速率降低，初情期延长，体组织中蛋白质、脂肪的沉积减少而使躯体消瘦和体重减轻，泌乳量显著降低；当能量过剩时影响母牛的正常繁殖，会出现性周期紊乱、难孕、胎儿发育不良、难产等。其次，会影响奶牛的正常泌乳。

同样，脂肪也是动物体内重要的能量物质，供给机体能量，能值高，是同一重量碳水化合物所产热能的 2.25 倍；是可溶性维生素的动物机体的组成成分和修补原料；提供动物体必需脂肪酸；作为脂溶性维生素 A、维生素 D、维生素 E、维生素 K 的溶剂，促进脂溶性维生素的吸收与转运；内分泌中的性激素等类固醇激素是由脂肪中的胆固醇合成的；乳腺分泌的乳脂也属于脂肪；必需脂肪酸参与磷脂的合成，是细胞生物膜的组成成分，是动物体内合成生物活性物质的载体。因此，日粮中缺乏脂肪时，可导致动物生长停滞，繁殖率和抗病力下降，产奶量和乳脂率降低。

一、肉牛的能量需要

能量是肉牛维持生命活动及生长、繁殖等所必需的。所需能量来自饲料中的碳水化合物、脂肪和蛋白质，但主要是碳水化合物。碳水化合物包括粗纤维和无氮浸出物，它在牛瘤胃中被微生物分解为 VFA、CO_2、CH_4 等，VFA 被瘤胃壁吸收，成为能量的主要来源。

肉牛的能量需要可分为维持需要、生产需要以及综合净能需要。肉牛养殖有舍饲和放牧两种。国内外进行的饲养和消化试验表明，临界温度下拴系饲养牛的维持净能（NEm）需要量为 $0.277W^{0.75}$ MJ（$W^{0.75}$为代谢体重，kg），随意运动时增加 15%，为 $0.318W^{0.75}$ MJ。此外，还应根据牛的实际年龄有所增减，范围为 10%~20%。牛放牧时，能量的消耗明显增加。据测定水平行走时，每千克体重每千米消耗增加 1.84~2.00 kJ 的能量。按计算 NEm 需要量为：行走 1 000 m 为 $0.332W^{0.75}$ MJ；行走 2 000 m 为 $0.340\ W^{0.75\ MJ}$；行走 3 000 m 为 $0.353W^{0.75}$ MJ；行走 4 000 m 为 $0.365W^{0.75}$ MJ；行走 5 000 m 为 $0.386W^{0.75}$ MJ；垂直运动时，每千克体重垂直运动 1 m，能量消耗为 27.17 J。

生产的能量需要。肉牛主要以产肉为主，所以其生产的能量需要一般指的是增重的能量需要或生长的能量需要。NRC（1984）肉牛饲养标准规定增重净能（NEg）的计算是根据牛的体重（W，kg）和日增重（ΔW，kg/d），对阉牛和青年母牛分别进行计算：

生长阉牛的增重净能（MJ）$= 0.233W^{0.75} \times \Delta W^{1.097}$；

青年母牛的增重净能（MJ）$= 0.287W^{0.75} \times \Delta W^{1.119}$；

生长公牛的增重净能（MJ）$= 0.183W^{0.75} \times \Delta W^{1.097}$；

我国肉牛饲养标准（2004）对生长肥育牛的增重净能计算公式为：

增重净能（kJ）=（2 092+25.1W）×ΔW/（1-0.3ΔW），对于生长母牛，在上式计算基础上增加10%。

我国肉牛饲养标准推荐在温度适中区、舍饲轻微活动和无应激环境下的 $NEm=0.322W^{0.75}$ MJ。

综合净能的需要。我国肉牛饲养标准（2000）对生长肥育牛的综合净能计算公式为：0.75NEmf（kJ）=｛322 W+［（2 092+25.1W）×ΔW/（1-0.3ΔW）］｝F，其中F表示绝食代谢。

二、奶牛或水牛的能量需要

奶牛的生长和生产性能取决于奶牛品种、日粮、饲喂管理及气候环境等因素，奶牛虽然对粗饲料有较高利用率，但如果能量不平衡，将会直接导致生产性能下降和营养浪费，这将极大影响奶业的经济效益。因此，奶牛能量需要的研究一直是奶牛营养研究的重要领域，被广泛重视和深度研究。

2004年发布的中国奶牛饲养标准（第2版），NEm的计算加入20%的舍饲活动能耗，校正后 $NEm=0.352BW^{0.75}$。根据析因法原理确定了泌乳前期水牛能量代谢及其需要量。净能（NE，MJ/d）需要量 $=0.316W^{0.75}+0.297\Delta W\times W^{0.75}+2.915FCM$（$W^{0.75}$为代谢体重）。12~13月龄生长母水牛净能（NE，MJ/d）需要量 $=(0.319\Delta W+0.401)W^{0.75}$ 或 $0.401W^{0.75}+19.00\Delta W$。

2007年INRA体系基于奶牛的LBW来预测维持需要，$NEm=0.294LBW^{0.75}$，其中泌乳净能（NE_L）$=0.07LBW^{0.75}$，散养牛在此基础上增加10%，放牧牛增加20%（LBW为活体重）。

三、羊的能量需要

随着我国肉羊产业化的迅猛发展和保护生态环境的需要，舍饲养羊已成为必然。能量需求是动物生长、育肥、繁殖、泌乳等性能发挥的基础，根据肉羊能量需要量合理提供日粮能够有效降低饲养成本。因此，迫切要求对舍饲肉用绵羊能量需要进行研究，以节约饲养成本和提高经济效益。

我国5月龄左右的公绵羊，参照AFRC（1998）标准设计日粮，主要原料有玉米、麸皮、豆粕、棉粕，按精粗比60∶40设置日粮。其消化能、代谢能与代谢体重、日增重间的回归关系如下所示：

DE（MJ/d）$=0.775\ W^{0.75}+0.035\Delta W-1.038$

MEI（MJ/d）$=0.636\ W^{0.75}+0.029\Delta W-0.854$

我国《肉羊饲养标准》（NY/T 816—2004）规定，妊娠母绵羊的能量需要分为妊娠前期和后期，体重从40 kg到70 kg（每10 kg为一档）。40 kg体重的代谢能需要量前期为10.46 MJ/d；70 kg为14.23 MJ/d。后期分别是12.55 MJ/d，17.57 MJ/d。产双羔时每个羊羔每日的妊娠能量需要增加2.38 MJ/d。

杜寒杂交肉用绵羊哺乳20 d、50 d、80 d时的NEm分别为253.05、247.74、244.68 kJ/kg $BW^{0.75}$，相应的维持代谢能量需要为327.08、320.85、362.04 kJ/kg $BW^{0.75}$。

妊娠肉用山羊妊娠期的能量需要分为3期，前期（1~90 d）、中期（90~120 d）和后期（>120 d），体重从10 kg到30 kg（每5 kg为一档），前期代谢能需要量10 kg体重，3.94 MJ/d；30 kg体重，10.12 MJ/d；中期15 kg体重，6.19 MJ/d；30 kg体重，10.82 MJ/d。后期15 kg体重，7.0 MJ/d；30 kg体重，11.7 MJ/d。

四、鹿的能量需要

鹿的生活、生长、繁殖等一切生命活动及生产过程都离不开能量。鹿在不同生长发育阶段及生产时期能量的需求不同，而且一年四季中能量需求变化较大。梅花鹿公鹿夏季代谢能摄入处于一年中最高水平，为0.8 MJ/($kg^{0.75}$·d)；秋季发情期为一年中最低水平，为0.36~0.56 MJ/($kg^{0.75}$·d)；冬季处于一年中持续低谷状态，0.61~0.69 MJ/($kg^{0.75}$·d)，体重为一年中最低水平，营养处于负平衡状态；在圈养条件下，梅花鹿具有自动营养调节能力，夏季体沉积加强，补偿性生长明显，梅花鹿代谢能摄入MEI［MJ/($kg^{0.75}$·d)］和增重G［g/($kg^{0.75}$·d)］间存在显著正相关，直线回归方程为G=28.482 MEI−17.78，维持代谢能需要量为0.624 MJ/($kg^{0.75}$·d)，体重每增加1 g，需要生长代谢能35.11 kJ。

对于不同年龄阶段的能量需要，3岁梅花公鹿生茸期日粮中能量适宜水平为15.9~16.7 MJ/kg（GE），平均每头鹿每天对消化能的需要量为29.9~31.3 MJ；成年梅花公鹿能量适宜水平约为16.8 MJ/kg（GE），平均每头鹿每天对消化能的需要量为36~37 MJ；经产母鹿饲料能量浓度为17.6 MJ/kg（GE），每头鹿每天需要可消化能24~25 MJ；梅花母鹿妊娠期精料补充料妊娠中期和后期适宜能量浓度分别为16.7 MJ/kg（GE）和17.11 MJ/kg

(GE)，为保证胎儿正常生长发育的营养需要，妊娠中期和后期每头鹿每天分别需要供给可消化能 14.35 MJ 和 14.43 MJ。

成年马鹿在室内维持的代谢能需要为 0.57MJ ME/kg 体重；3~11 个月大的断乳小鹿约为 0.45MJ ME/kg 体重。放牧时由于肌肉活动和环境影响，能量需要很可能比室内测得的要高。室外的雄鹿能量需要比室内的要高近 50%。具体马鹿维持、生长、妊娠和泌乳代谢能日需要量如表 3-2 所示。

表 3-2　马鹿维持、生长、妊娠和泌乳代谢能日需要量

阶段	体重（kg）	维持需要量（MJ）	季节	生长需要量（MJ）			
				50 g/d	100 g/d	150 g/d	200 g/d
小鹿（3~16 个月）	40	7.27	秋	2.8	5.5	8.3	11.0
	50	8.5	冬	4.4	8.7	13.1	17.4
	60	9.7	春/夏	2.4	4.9	7.3	9.7
				妊娠后期		产乳高峰期	
母鹿	80	15.2		1.7~5.0		17.2	
	100	18.0					
雄鹿	150	24.4					
	200	35.8					

第三节　蛋白质的营养需要

蛋白质是反刍动物生命和进行生产活动不可缺少的重要物质。蛋白质参与机体正常的生命活动、修补和组成机体组织器官。同时，蛋白质是三大营养物质中唯一能提供氮素给奶牛的物质，主要由碳、氢、氧、氮 4 种元素组成。有些蛋白质还含有少量的硫、磷、铁等元素。机体内的生命活性物质如酶、激素、抗体等的组成都是以蛋白质为原料，蛋白质还是牛奶的重要组成物质。反刍动物蛋白质来源有两部分：饲料中未降解蛋白和瘤胃微生物蛋白。

蛋白质供给不足时，反刍动物会出现消化机能减退、生长缓慢、体重下降、繁殖机能紊乱、抗病力减弱、组织器官结构和功能异常；当蛋白质供给过剩时，由于机体对氮代谢的平衡具有一定的调节能力，所以对机体不会产生持久性的不良影响。过剩的饲料蛋白质含氨部分以尿素或尿酸形式排出体外，无氨部分作为能源被利用。然而，机体的这种调节能力是有限的。当超出机体的承受范围之后，就会出现有害影响。如代谢紊乱、肝脏结构和功能损伤、饲料蛋白质利用率降低，严重时会导致机体中毒。

一、牛的蛋白质需要

牛摄取的蛋白质主要满足两个部分的需求，一是维持生命正常的生理活动，二是满足生长的需要。瘤胃微生物蛋白（MCP）和饲料非降解蛋白（UDP）是反刍动物蛋白质的主要来源。微生物蛋白是瘤胃微生物利用饲料中的蛋白和能量重新合成的蛋白质，其占进入小肠蛋白质比例的40%～80%。UDP是未在瘤胃中降解而直接进入小肠消化的蛋白质。

实践证明，日粮蛋白质水平在一定程度上影响着产奶性能和氮消化率。对于日产41 kg的奶牛，日粮蛋白质水平为13.5%～19.4%，研究发现蛋白质水平在13.5%～16.5%时对奶牛产奶量影响较大，但蛋白质水平在16.5%～19.4%时对奶牛产奶量基本没有影响，乳蛋白质产量也呈相似趋势。同时，饲喂3～4月龄的中国荷斯坦犊牛的适宜日粮蛋白水平（19.00%、21.00%和23.00%）发现，粗蛋白质、干物质、粗脂肪和中性洗涤纤维消化率随日粮蛋白质水平提高而减低，其中19.00%蛋白水平的日粮对于3～4月龄犊牛最为合适。

牛的蛋白质需要具体分为维持需要、增重需要、繁殖需要和产奶需要。每天可消化蛋白质的需要量（DCP，g）=维持需要+增重需要+繁殖需要+产奶需要。

（一）维持的蛋白质需要

维持的蛋白质需要量与代谢体重（成年牛为$W^{0.75}$，幼龄生长牛为$W^{0.67}$）成正比。一般情况下，每天每千克代谢体重维持需要可消化蛋白质3.0 g。如体重为W kg的成年牛每天维持需要可消化蛋白质（DCPM）=$3.0W^{0.75}$，体重在200 kg以下的幼龄生长牛则为$DCPM=2.6W^{0.67}$。

（二）增重的蛋白质需要

牛增重时的蛋白质沉积量与增重速度相关，体重为W kg的生长牛，在日增重为ΔW时，蛋白质沉积量（PG）（g/d）=$\Delta W\times(170.22-0.1731W+0.000178W^2)\times(1.12-0.1258\Delta W)$。换算成DCP时乘以一个换算系数（μ），换算系数与牛的体重有关，体重在60 kg以下时，μ=1.67；体重在60～100 kg时，μ=2.0；体重在100 kg以上时，μ=2.22。每天用于增重的 DCPG = μ×PG (g)。

(三) 繁殖的蛋白质需要

母牛妊娠初期胚胎发育较慢，可以不计算妊娠的蛋白质需要，但在妊娠第 6 个月后，胚胎发育明显加快，在日粮中应考虑繁殖的蛋白质需要。一般情况下，在妊娠的第 6、7、8 个和 9 个月，每天分别需要增加 50 g、95 g、165 g 和 260 g 的可消化蛋白质。

(四) 产奶的蛋白质需要

产奶的蛋白质需要取决于产奶量和乳蛋白浓度。按每千克乳脂率为 4.0%的标准乳含蛋白质 36 g 计算，每产奶 1 kg 需要可消化蛋白质的量为 DCPL = 36×1.59 = 57.25 g（可消化蛋白质用于产奶的效率为 63%）。加上 10%的安全余量，每千克标准乳需要可消化蛋白质 63 g。日产奶量 X kg 的奶牛每天产奶的可消化蛋白质需要量 DCPL = 63X (g)。如产奶量为 30 kg/d 的奶牛每天产奶的 DCPL = 30×63 = 1 890 g。

二、山羊的蛋白质需要

山羊与其他家畜一样，需要蛋白质以维持生命活动，满足生长、繁殖、肥育和产毛的需要。羊毛本身主要由蛋白质组成，所以，产毛羊对蛋白质的需要量及蛋白质的质量比其他羊要求更高。

(一) 妊娠期的蛋白质需要

ARC（The Nutrient Requirements of Ruminant Livestock. Commonwealth Agricultural Bureax）推荐的公式计算妊娠母羊用于孕体发育的可代谢蛋白质 MP_C 需要量

MP_C (g/d) = $0.25W_0$ ($0.079TP_t \times e^{-0.00601t}$)

式中，W_0为羔羊出生重、t 为妊娠天数、TP_t为妊娠期孕体的蛋白质含量，可用公式 $\log_{10}$ (TP_t) = $4.928-4.873\times e^{-0.00601t}$计算。

大尾寒羊妊娠期粗蛋白质维持需要量模型 CP_m (g/d) = 3.46 kg×$W^{0.75}$和可消化粗蛋白质维持需要量模型 DCP_m (g/d) = 2.43 kg×$W^{0.75}$；2 岁龄湖羊在妊娠 0~60、61~95、96~126、127~147 d 时，体重为 35 kg、40 kg、42 kg、49 kg 的粗蛋白质维持需要量分别为 150 g/d、160 g/d、170 g/d、230 g/d。

(二) 哺乳期的蛋白质需要

AFRC 推荐哺乳单羔和双羔，母羊的干物质采食量分别为 80 g/kg $BW^{0.75}$和 85 g/kg $BW^{0.75}$，而维持的可代谢蛋白质需要量用公式 MPm (g/d) =

$2.1875BW^{0.75}+20.4$ 计算，泌乳的可代谢蛋白质需要量用公式 $MP_t=71.9$ g/kg 乳汁，或直接用乳中蛋白质含量比上泌乳系数 0.68 来计算。

大尾寒羊哺乳期粗蛋白质需要量模型 CPR（g/d）＝ $2.72kg\times W^{0.75}+108M$ 和可消化粗蛋白质需要量模型 DCPR（g/d）＝ $1.76kg\times W^{0.75}+70M$，式中 M 代表产奶量（kg/d）。

我国《肉羊饲养标准》（NY/T 816—2004）规定，妊娠母绵羊的粗蛋白质需要量分为妊娠前期和后期，体重从 40 kg 到 70 kg（每 10 kg 为一档）。40 kg 体重的粗蛋白质需要量前期为 116 g/d；70 kg 为 141 g/d；后期分别是 146 g/d 和 186 g/d。产双羔时妊娠母羊每日粗蛋白质需要量增加 20～40 g。妊娠肉用山羊妊娠分为 3 期，前期（1～90 d）、中期（90～120 d）和后期（>120 d），体重从 10 kg 到 30 kg（每 5 kg 为一档），前期粗蛋白质需要量 10 kg 体重 55 g/d，30 kg 体重 89 g/d；中期 15 kg 体重 97 g/d，30 kg 体重 121 g/d；后期 15 kg 体重 124 g/d，30 kg 体重 148 g/d。

三、鹿的蛋白质需要

蛋白质是一切生命活动的基础，是茸鹿机体内各组织、器官、酶和部分激素的重要组成成分。鹿除生长、发育、代谢需要大量蛋白质外，由于鹿机体中蛋白质含量高于其他动物，鹿乳中蛋白质含量也比其他反刍动物高（比绵羊高 40%），所以，鹿在生长、繁殖和泌乳方面需要更多的蛋白质。

在我国圈养模式下，梅花鹿具有自动营养调节能力。成年梅花鹿夏季可消化蛋白质摄入处于一年中最高水平，为 8～10 g/($kg^{0.75}\cdot d$)，补偿性生长明显；秋季发情期为 1.14～3.0 g/($kg^{0.75}\cdot d$)；冬季处于一年中持续低谷状态，为 3.0～3.6 g/($kg^{0.75}\cdot d$)。健康梅花鹿断乳仔鹿的蛋白质维持需要量为 4.808 g/d 或日粮蛋白质含量为 12.27%。梅花鹿仔鹿精料中适宜的蛋白水平为 21%。通常鹿在生茸期蛋白质需要量为 16%～22%，其中 3 岁梅花公鹿生茸期日粮中蛋白质适宜水平为 19%，平均每头鹿每天可消化蛋白质的需要量为 388～394 g。成年梅花公鹿蛋白质适宜水平约为 16.6%，平均每头鹿每天可消化蛋白质的需要量为 366～382 g；经产母鹿泌乳期精料补充料中较适宜的蛋白质水平为 23.6%，每头鹿每天需要可消化粗蛋白质 200～210 g。梅花母鹿妊娠期精料补充料妊娠中期和后期适宜的蛋白质水平分别为 16.6% 和 20.3%；为保证胎儿正常生长发育的营养需要，妊娠中期和后期每头鹿每天分别需要供给可消化蛋白质 85～90 g 和 140～145 g。

农场饲养马鹿日粮粗蛋白质近似浓度如表 3-3 所示。

表 3-3　农场饲养马鹿日粮粗蛋白质近似浓度

阶段	年龄或状态	季节	粗蛋白质（g/kg DM）
小鹿	3~5 个月	秋	170
	6~8 个月	冬	100
	9~15 个月	春-夏	120~170
母鹿	干乳期	秋-冬	100
	妊娠期	春	140
	泌乳期	夏	170
雄鹿	体重损失期	秋-冬	100
	体重增加期	春-夏	120

四、骆驼的蛋白质需要

骆驼对蛋白的消化能力比绵羊弱，但是在采食低质牧草后，骆驼通过有效的尿素再循环可以适应低蛋白日粮，蛋白的利用率高于绵羊和山羊。同样的日粮，骆驼吸收的氮高于绵羊和山羊。当日粮的蛋白含量从 13. 6%下降到 6. 1%时，再循环氮从 47%上升到 86%，在高能量低蛋白日粮条件下，再循环氮可高达 95%。在饲喂相同能量比例的日粮条件下，当蛋白水平比适宜的蛋白水平下降 10%时，78%的尿素再循环氮被用于代谢。当骆驼获得 2. 73 g DP/$W^{0.75}$和 2. 6 g DP/$W^{0.75}$时，骆驼生长缓慢，造成负氮平衡。骆驼每天摄取可消化蛋白 443. 4 g 可以满足生长的维持需要。因为骆驼大多生活在环境比较恶劣的荒漠地带，因此盐分和水含量较多的植物成为骆驼的首选，骆驼采食植物的蛋白含量在 8. 54%~14. 89%，这些蛋白含量相对高的植物就可以满足骆驼对蛋白的需要量。

第四节　纤维的营养需要

反刍动物日粮中粗饲料通常占 40%~80%，粗饲料是瘤胃微生物和宿主的重要营养来源。粗纤维除了能提供能量及部分营养成分外，还能刺激咀嚼、胃肠蠕动、充实胃肠道和调节胃肠道微生物区系等。其中粗纤维对反刍动物的咀嚼和刺激唾液的分泌作用尤为重要。当日粮缺乏粗纤维时，动物的唾液分泌量将会减少，降低瘤胃 pH 值，改变胃肠道内微生物种类、数量以及瘤胃发酵模式，造成瘤胃内环境发生变化。奶牛营养学界素来用 NDF 表示纤维指标。NDF 是被动物缓慢消化甚至不可消化的成分，主要包括日粮中的纤维素、半纤维素和木质素。虽然日粮中的纤维含量，在理论上满足了动物的营养需求，但是在这个纤维水平饲养下的反刍动物，仍然会出现如瘤胃酸中毒、乳脂率降低、反刍和咀嚼次数减少等的现象。其主要原因是日粮中 NDF 反映的是在理想状态下反刍动物对纤维的需求量，并没有考虑纤维自身的物理有效性。并且，饲料 NDF 含量通常会随着饲料来源不同和长度不同而改变，因此使用 NDF 在描述饲料特性方面具有局限性。于是便产生了有效洗涤纤维（eNDF）和物理有效中性洗涤纤维（peNDF）的概念。

peNDF 是指纤维的物理性质（主要是颗粒片段、大小）刺激动物咀嚼活动和建立瘤胃内容物两相分层的能力。peNDF 可作为衡量动物生理状况和生产性能的重要指标，因为与 peNDF 密切相关的反应是动物咀嚼活动，peNDF 能够刺激动物咀嚼、促进瘤胃内容物固液两相分层、通过调节唾液缓冲液的分泌和瘤胃 pH 值来影响动物的健康和乳脂率。饲料的 peNDF 含量等于饲料 NDF 含量乘 pef。其中，pef 称为物理有效因子，数值上是日粮的咀嚼时间与家畜饲喂长干草时的咀嚼时间之比值，其范围从 0~1。不同的饲料，其物理有效因子有所不同，如奶牛用饲料精料、羊草、苜蓿草粉和玉米青贮的物理有效因子分别为 0. 40、0. 80、0. 85 和 0. 90。但也有报道长干草的 pef 设定为 1，粗切碎的禾本科牧草、玉米青贮和苜蓿青贮的 pef 为 0. 9~0. 95；细切碎的牧草的 pef 为 0. 70~0. 85。含 22% peNDF 的日粮可维持瘤胃 pH 值 6. 0，含 20% peNDF 的日粮能使泌乳早期到中期的奶牛乳脂率维持在 3. 4%。

一、奶牛的 peNDF 需要量

通过比较日粮计算的 peNDF 值和采食该日粮奶牛的乳脂率、瘤胃 pH 值之间的关系，估测奶牛最低 peNDF 需要量。以玉米、大豆粕、麦麸、玉米青贮、苜蓿草粉及羊草为主要原料配制的不同精粗比的日粮饲喂奶牛时发现，peNDF 日进食量范围为 3. 02~6. 27 kg，peNDF 占干物质的 17. 71%~37. 32%。对荷斯坦奶牛来说，维持 3. 4% 乳脂率需含有大约 9. 7% 的 peNDF 日粮，而维持瘤胃平均 pH 值 6. 0 需约 22. 3% 的 peNDF。根据 NRC（1989）奶牛日粮中应含有 19%~21% 的 peNDF 和 25%~30% 的 NDF。当用玉米青贮、绊根草干草或棉籽壳与绊根草干草配制 peNDF 为 21% 的日粮时，约只需 25% 的粗饲料（玉米青贮中大约有 50% 茎秆）。虽然这种日粮能够保证动物所需的最短的咀嚼时间，但日粮中往往包含过多的可发酵碳水化合物，有可能导致瘤胃 pH 值（大约为 6. 0）和中等乳脂率水平的继续下降。

因此含21% peNDF的日粮可能不宜长期饲喂奶牛。NRC（2001）有所修改，认为在泌乳前期和中期维持3.4%以上的乳脂率，瘤胃内pH值应维持在5.9~6.6，peNDF日进食量范围为3.66~6.32 kg或peNDF占干物质的19.3%~30.0%。

二、山羊的peNDF需要量

日粮中peNDF水平对山羊采食行为的影响，可以通过其咀嚼活动体现。如果山羊的咀嚼活动增强，则山羊的反刍和咀嚼行为使日粮颗粒大小降低，同时增加瘤胃微生物与日粮接触的表面积，使唾液分泌量增加，唾液中的碱性缓冲物质中和瘤胃酸性物质的能力也随之提高，从而确保瘤胃内环境的稳定和正常的生理功能，有利于提高饲料消化率和山羊的生产性能。但山羊具体的peNDF需要量的研究相对较少。有人用peNDF含量为22.75%和31.76%的粉料、颗粒料日粮（主成分为玉米、豆粕、稻草、大豆皮）饲喂波杂山羊（波尔山羊×徐淮山羊），发现这两种peNDF水平下，颗粒料日粮均显著提高山羊的日采食量、日增重及营养物质表观消化率、山羊瘤胃和复胃重量，同时显著提高ADF、CP、DM、OM、Ca、P表观消化率、氮保留量及氮生物学价值。

第五节　矿物质的营养需要

根据矿物质占动物体比例的大小，分为常量元素和微量元素。占动物体比例在0.01%以上的为常量元素，低于0.01%的为微量元素。现已确认有20多种矿物质元素是反刍动物所必需的。常量元素有钙、磷、钠、氯、镁、钾、硫；微量元素有铜、铁、锌、锰、钴、碘、硒等。矿物质的营养功能主要是体组织的生长和修补物质；用作动物体矿物质的调节剂，调节血液、淋巴液的渗透压稳定；牛乳的主要成分（牛乳干物质中含有5.8%的矿物质）；维持肌肉的兴奋性，激活酶，促进各种养分的消化及利用。

矿物元素缺乏会导致动物生理活动异常；短期缺乏时，其症状不明显，常常被集约养殖场所忽略；一旦长期缺乏，则出现生理活动异常、发生重大疾病，生产力终身下降、残疾、甚至死亡。目前，市场上的矿物元素产品主要分为有机矿物元素和无机矿物元素2种形式，有机矿物元素具有吸收利用率高、危险性低等优点，但价格昂贵，增加饲养成本；而无机矿物元素成本较低，深受广大用户青睐。反刍动物有喜舔食的天性，因此矿物元素主要以舔砖形式使用，舔砖既能满足其心理需求还能促进唾液分泌，维持瘤胃酸碱平衡，素有“牛羊巧克力”之美称。

一、牛的矿物元素需要量

矿物质元素能提高奶牛产奶量和乳品质。在奶牛日粮中添加微量元素锌、铜、锰、钴和碘等，产奶量可以提高 20%，乳品质也有改善。在实际生产应用中，将矿物质微量元素以营养舔砖形式饲喂给奶牛是不错的选择，可显著提高奶牛乳蛋白、乳脂肪以及乳中固形物含量。矿物质微量元素对奶牛的健康也有积极作用。有报道称，补充一定量的矿物质会影响奶牛产犊前后血液及牛奶中的中性粒细胞的数量和活性。

（一）镁

镁在成年奶牛体内约占体重的 0.05%，其 65%～68%沉积于骨骼中。镁激活的酶达到数百种，是一种重要辅助因子和激活剂；镁与钙共同调节神经肌肉的兴奋性，协调维持神经肌肉的正常功能。青年牛比老年牛更容易动用体内储备的镁，因此一般认为初产母牛日粮中至少需要 0.16%（干物质基础）的镁，泌乳期牛日粮中镁的含量应高于 0.2%。另外在妊娠后期，子宫组织需要每天额外添加 0.33 g 镁。

（二）铁

铁在奶牛体内的作用主要是与蛋白结合形成含铁蛋白质。铁蛋白具有贮存铁的功能，并易于释放用于满足造血时铁的需要，且可以防止铁原子以离子状态对机体产生有害作用以及调节铁吸收。如血红蛋白具有输送氧气的功能，肌红蛋白具有贮存氧气的功能，铁传递蛋白作为动物体内铁传递的载体，乳铁蛋白能与入侵机体的病原微生物发生对铁的竞争性摄取，抑制微生物的分裂与增殖，具有抗菌作用。据研究，犊牛体内含铁 18～34 mg/kg BW。吸收铁用于牛生长的需要量为 34 mg/kg 平均日增重。妊娠 190 d 至产犊前，母牛铁的需要量为 18 mg/d。NRC（2001）《奶牛营养需要》建议中提出了日产乳 25 kg，每天采食 20 kg 日粮（以干物质计）中应供给铁 24 mg/kg。

（三）锌

锌广泛分布于奶牛体内各个组织，其中以骨骼、牙齿、肝脏和皮毛中含量较高，对奶牛生长发育、繁殖以及免疫等起着重要作用。目前，已知锌参与动物体内300多种金属酶和功能蛋白组成。为了提高奶牛生产性能和乳锌含量，青年奶牛日粮含锌量应为60~100 mg/kg，产奶牛日粮含锌量应提高到100~400 mg/kg。

（四）铜

铜在奶牛体内存在形式主要为铜蛋白酶，主要通过酶系统对机体发挥作用。大量研究表明铜对奶牛的繁殖、生长和产乳性能具有积极作用。例如，母牛缺铜会造成繁殖机能紊乱，表现为卵巢机能低下、分娩困难、胎衣不下、胎儿早亡等。补铜后，奶牛繁殖力上升、受胎率提高。泌乳牛按每产1 kg乳供给0. 15 mg铜。奶牛对铜的需要量很大程度上取决于日粮中钼和硫的含量，若硫的含量不超过0. 25%、钼不超过2 mg/kg时，奶牛铜的添加量推荐值为8 mg/kg。由于精料补充料中的铜比牧草中的铜利用率高，即使有时低于8 mg/kg也可以满足舍饲奶牛的铜需要量。

（五）锰

锰是动物生长和合成骨组织过程中所必需的物质，参与骨骼的形成、性激素和某些酶的合成，直接关系到繁殖性能和参与碳水化合物及脂肪代谢，还对中枢神经系统发生作用。锰还具有提高非特异性免疫中酶的活性，增强巨噬细胞杀伤力的作用。一般建议奶牛日粮中锰的最佳含量在40~60 mg/kg为宜，6月龄以前的犊牛日粮中锰的最佳含量为30~40 mg/kg。一般奶牛的耐受量为1 000 mg/kg。

（六）钴

钴直接参与机体的造血功能。已证明钴能促进肠道对铁的吸收以及体内铁库的动员，使其易于进入骨髓用于机体造血。此外，钴能抑制许多呼吸酶的活性，引起细胞缺氧，代偿性促使红细胞生成素的合成增加。对反刍动物尤为重要的是含钴维生素 B_{12}与丙酸代谢有关，由于钴可以活化氨基酸和促进核酸生物合成，故对蛋白质合成有重要意义。反刍动物对钴的需要量较小，日粮中含钴0. 11 mg/kg即可满足需要。NRC（1996）建议生长肥育牛和母牛对钴的需要量为0. 1 mg/kg，瘤胃液中钴的浓度约为20 ng/mL时能合成足量的维生素 B_{12}，而瘤胃液中钴的正常含量为40 ng/mL。

（七）硒

微量元素硒是细胞谷胱甘肽过氧化物酶的活性成分，能增强动物体内中性粒细胞的吞噬活性，提高机体免疫调控能力，并能降低乳腺炎发生的风险。奶牛对硒的真实需要量还不明确，大多数营养学家认为合适的添加量为

0.1~0.3 mg/kg。NRC（1983）指出，当牛在数周或数月内采食含硒 5~40 mg/kg 日粮时，可发生慢性硒中毒，而当母牛摄入硒 10~20 mg/kg BW 时可发生急性硒中毒。

二、羊的矿物元素需要量

已知绵羊必需 26 种矿物质元素，其中常量元素 7 种，微量元素 19 种。由于牧草与饲料中矿物质含量存在季节性和地域性差别，确定补饲量时，应考虑各地饲料、牧草中矿物质盈缺情况，同时应考虑各种矿物质元素间的比例。

（一）钠

我国放牧绵羊面临着钠缺乏的营养应激，其症状是食欲不振或反常，饲料利用率低，舔食泥土及采食有毒植物，甚至引起某些其他元素的缺乏。据调查，我国放牧绵羊大多缺钠（未补盐），因而啃土并从土中摄入大量铁，导致普遍缺铜（铁与铜相互拮抗）。舍饲羊补钠较易，可在补饲精料中配入 1.0%的食盐或按日粮的 0.5%补饲食盐；放牧羊可在其归牧后以自由舔食食盐的方式补给钠。NRC（1985）推荐的绵羊钠需要量为每 100 g 日粮干物质 0.09~0.18 g（即食盐 0.23~0.46 g）。

（二）钙和磷

粗饲料和牧草中含磷量均低于钙，牧草中所含钙量并不总是能满足羊的需要，磷更甚。与其他畜种相似，羊饲粮中钙、磷比例在（1~2）：1 较为适宜。植物性饲料中以糠麸饲料含磷量最高，但多以植酸磷形式存在，不易被瘤胃尚未发育完全的羔羊消化、利用。妊娠、泌乳母羊和处于生长阶段的羊对钙、磷的需求量高，应特别注意补充。怀双羔母羊的钙、磷需要量高于怀单羔母羊；泌乳母羊的钙、磷需要量与其泌乳量有关。NRC（1985）推荐钙的需要量为每 100 g 干物质中钙为 0.20~0.82 g，磷为 0.16~0.38 g。

（三）硫

硫为绵羊产毛所必需的元素。据报道，绵羊每天合成 3~4 g 净毛需要增加 0.5 g 含硫氨基酸。饲粮中含硫量为 0.15%~0.20%即可维持瘤胃微生物的正常功能。NRC（1985）推荐的成年羊硫需要量为 0.14%~0.18%，羔羊为 0.18%~0.26%。通常日粮中硫：氮为 1：10 时有利于羊毛生长。

（四）铁

一般情况下，牧草和饲料中的铁可满足绵羊的需要。但哺乳期羔羊和舍饲在漏缝地板上的羊容易缺铁。NRC（1985）推荐铁的需要量为每千克日粮干物质 30~50 mg。

(五) 铜

牧草中铜的利用率较低，且差异较大，一般在 10%~35%。绵羊日粮中铜：钼的适宜比例为（6~10）：1，过高的钼和硫的含量、高浓度的钙、锌和铁均降低铜的吸收。羔羊缺铜时运动共济失调，或称羔羊蹒跚症；成年羊缺铜时毛变粗，毛的弯曲和弹性变差。绵羊对铜中毒较牛敏感得多，每千克日粮含铜高于 25 mg 即可能引起中毒。中毒症状为：流涎，呕吐，腹泻，溶血等。NRC（1985）推荐的绵羊铜需要量为每千克干物质 7~11 mg。

(六) 钴

钴能促进瘤胃微生物分解粗纤维，同时钴是瘤胃微生物合成维生素 B_{12} 的原料，缺钴时瘤胃合成维生素 B_{12} 不足。缺钴绵羊表现食欲减退、严重消瘦、贫血，毛干易折断和脱毛。NRC（1985）推荐的绵羊钴需要量为每千克干物质 0.1~0.2 mg。

(七) 锌

锌对公羊睾丸中精子形成及羊毛生长等具有积极作用。绵羊缺锌的主要症状是食欲降低、生长缓慢、脱毛，临床表现为表皮增生、皮肤龟裂。NRC（1985）推荐的绵羊锌需要量为每千克日粮干物质 20~33 mg。

(八) 硒

硒和维生素 E 具有相似的生理作用，但维生素 E 不能代替硒。硒的缺乏常具有地域性，与土壤中含硒量及其酸碱度有关。缺硒地区的绵羊常患白肌病，在严重缺硒地区易导致羊群损失惨重。也有少数地区土壤含硒量超过 4 mg，对羊及其他畜种均有潜在性中毒的危险。羊长期采食含硒量超过 3 mg/kg 的牧草，可能发生慢性中毒。NRC（1985）推荐的绵羊硒需要量为每千克干物质 0.1~0.2 mg。

(九) 碘

碘与绵羊的基础代谢息息相关。羔羊缺碘时，甲状腺肿大，产后体弱无毛。成年羊缺碘时的外观变化很小，但产毛量减少，受胎率降低。正常成年羊每 100 mL 血清含碘 3~4 mg，低于此值可视为缺碘。NRC（1985）推荐需要量为每千克日粮干物质 0.1~0.8 mg。

三、鹿的矿物元素需要量

矿物元素营养无论是对鹿茸生长、母鹿繁殖性能，还是对幼鹿的生长发育都是非常重要的。野生状态下的鹿，其采食范围较大，并可以有选择地采食食物，所以，不会出现矿物元素缺乏或过量的问题。但在圈养或人工放牧饲养条件下，人们期望获得高水平的生产性能，而鹿采食的日粮又相对比较固定，就必须特别注意矿物元素的供给。鹿需要的矿物元素主要有钙、磷、钾、钠、氯、镁、硫、钴、铜、铁、锌、锰、硒等十余种。饲料中某些矿物元素不足会影响鹿的正常生长发育和繁殖，如饲料中钙、磷不足或比例不当，会引起鹿的钙、磷缺乏症，繁殖期的雌鹿表现为胎儿发育不良，泌乳不足，骨质疏松，产后瘫痪；雄鹿表现为精液品质下降，性欲减退，产茸量降低。建议的梅花鹿矿物元素需要量如表 3-4 所示。

表 3-4 不同时期梅花鹿对主要矿物元素需要

微量元素	成年鹿生茸期	断奶仔鹿	母鹿妊娠期	母鹿泌乳期
钙（%）	0.8～1.2	0.5～0.6	0.5～0.6	0.55～0.65
磷（%）	0.5～0.7	0.35	0.4	0.4
铜（mg/kg）	20～25	5～9	5～10	7～10
锌（mg/kg）	50～60	25～30	20～30	30～40
铁（mg/kg）	60～70	30～40	40～50	50
锰（mg/kg）	70～90	30～40	30～50	40～50
碘（mg/kg）	0.8～1.5	0.1～0.4	0.2～0.5	0.3～0.7
钴（mg/kg）	0.9～1.5	0.2～0.4	0.3～0.5	0.3～0.5
硒（mg/kg）	0.15～0.2	0.1～0.2	0.1～0.2	0.1

马鹿是我国人工饲养的主要茸用鹿种之一，其饲养方式主要有两种，一种是圈养舍饲，另一种是放牧饲养。在放牧饲养的条件下，若想达到理想的鹿茸产量，就必须对放牧鹿进行适当补饲。建议的放牧饲养下马鹿矿物元素需要量如表 3-5 所示。

表 3-5　放牧鹿补饲精饲料营养水平

微量元素	公鹿生茸期	母鹿泌乳期	仔鹿育成期
钙（%）	0.90	0.92	0.96
磷（%）	0.62	0.60	0.69

第六节　维生素的营养需要

维生素在饲料中含量甚微，但对机体调节、能量转化和组织新陈代谢有着极为重要的作用。维生素分为脂溶性维生素（维生素 A、维生素 D、维生素 E、维生素 K）和水溶性维生素（B 族维生素和维生素 C）两类。反刍动物对维生素的需要量不多，但缺乏会引起许多疾病。维生素 A 缺乏表现夜盲或干眼病，幼畜生长发育受阻、繁殖机能障碍，食欲不佳，易患呼吸道疾病，被毛粗乱、无光等。缺乏维生素 D 则表现为钙、磷代谢紊乱，出现佝偻病、骨质疏松、四肢关节变形、肋骨变形等。泌乳期缺乏维生素 D 会导致泌乳期缩短，高产奶牛的产奶高峰期常出现钙的负平衡。当维生素 E 缺乏时，则会出现肌肉营养不良、心肌变性、繁殖性能降低等病症。B 族维生素对维持奶牛正常的生理代谢非常重要，但反刍家畜的瘤胃中可合成 B 族维生素，所以不易缺乏，但为了发挥奶牛生产潜力还应该予以补充。维生素 C 在体内参与一系列的代谢过程。动物体内可合成维生素 C，若缺乏时可出现坏血病、出血、溃疡、牙齿松动、抗病力下降等。

一、牛的维生素需要量

奶牛在正常情况下采食各种饲草饲料，能在瘤胃和机体组织中合成各种维生素。维生素 A、维生素 D、维生素 E 在优质饲草中含量丰富（如苜蓿草、优质青贮等），B 族维生素和维生素 E 可由瘤胃微生物合成，维生素 C 可由体组织合成。但是如果由于自然条件改变，某些饲草饲料供应不足，就应注意在短期内补给维生素 A、维生素 D、维生素 E，为了发挥奶牛的产奶潜力，同样应补给 B 族维生素及维生素 K。

（一）维生素 A 和胡萝卜素

维生素 A 对奶牛至关重要，如果母牛妊娠初期缺乏，会导致其妊娠期缩短、胎衣滞留几率增加、生出死胎等一系列症状。冬春季节以采食玉米青贮和谷物为基础的牛，其肝脏中维生素 A 贮存量甚低，易出现缺乏症。奶牛自己不能合成维生素 A，主要由胡萝卜素在牛的肠壁黏膜细胞及其他组织中经胡萝卜素酶转化为维生素 A。维生素 A 不能代替胡萝卜素。在维生素 A 得到保证而胡萝卜素供应不足时，同样对繁殖机能产生不利影响。

为保持奶牛高产和正常的繁殖机能，100 kg 体重奶牛每天应从饲料中获得不低于 18～19 mg 胡萝卜素或 7 400 IU 的维生素 A；乳用生长牛每日每 100 kg 体重胡萝卜素需要量为 10.6 mg 或 4 240 IU 维生素 A；妊娠和泌乳牛为 19 mg 胡萝卜素或 7 600 IU 维生素 A。每产 1 kg 含脂 4%标准乳需要维生素 A 930 IU；NRC（2001）推荐生长牛维生素 A 的需要量为每千克体重 80 IU；泌乳牛和干奶牛维生素 A 的需要量为每千克体重 110 IU。

（二）维生素 D

维生素 D 通过提高消化道吸收钙、磷的能力、增强骨骼的骨化程度以及调节尿中钙、磷的排出这 3 种途径调节钙、磷代谢。维生素 D 还可预防及治疗高产奶牛产后乳热症。乳用犊牛、育成牛和成年公牛每 100 kg 体重需 660 IU 维生素 D；泌乳及怀孕母牛按每 100 kg 体重需要 3 000 IU 维生素 D 供给，每产 1 kg 含脂 4%标准乳需 1 930 IU 维生素 D。NRC（2001）推荐成年奶牛维生素 D 的需要量为每千克体重 30 IU，但当给予奶牛每千克体重 70 IU 的维生素 D 时，能改善奶牛产奶性能、繁殖力和健康状况。

（三）维生素 E

维生素 E 具有抗氧化和免疫作用，保护白细胞不受自由基破坏，从而延长白细胞寿命。乳腺炎是一种奶牛常见疾病，在产仔和哺乳的最初 2 个月中，临床和亚临床乳腺炎的发病率最高。在日粮中添加 100 IU/d 维生素 E 可使奶牛临床乳腺炎的发病率降低 30%，添加 4 000 IU/d 的效果更加显著，会减少临床乳腺炎发病率的 80%。为了延长维生素 E 的效能，在哺乳早期一直使用高维生素 E 含量的饲料很必要。除此之外，维生素 E 也能对繁殖产生影响，产前一个月内补充维生素 E 和硒能减少胎盘滞留，日粮中缺乏硒和维生素 E 时，会大大降低受胎率。

奶牛对维生素 E 的需要量，犊牛每头每日 40 mg，成年母牛每头每日 280～500 mg。正常饲料中不缺乏维生素 E。NRC（2001）推荐维生素 E 的需要量：采食贮存牧草的干奶牛与青年母牛妊娠后期 60 d 补充维生素 E 剂量为每千克体重 1.6 IU；采食贮存牧草的泌乳牛，维生素 E 的添加剂量为每千克体重 0.8 IU。

（四）维生素 K

维生素 K 与生物合成骨骼钙沉积的特殊蛋白质有直接关系，它在骨型的形成与骨质化过程中积极参与钙的代谢。当奶牛日粮中粗饲料的用量减少时，往往引起维生素 K 的不足。

（五）B 族维生素

B 族维生素除维生素 B_{12}和部分维生素 B_1、维生素 B_6 外，当日粮中含有足够的可溶性碳水化合物以及糖：蛋白质为 1：1 时，奶牛体内可以合成足量的大多数 B 族维生素。实践证明，肌内注射维生素 B_1 可以提高受胎率，在日粮中加入 12 mg 烟酸可以防止高产奶牛的酮血症。烟酸参与蛋白质、脂肪和碳水化合物的代谢，促进微生物蛋白质的合成，在奶牛泌乳初期日粮中加入 3~6 mg 烟酸能提高产奶量 1%~3%。

生物素是 B 族维生素的一种，尽管生物素可以在瘤胃中合成，但在有些阶段自身合成的生物素无法满足其需要，如在分娩前期和哺乳早期，每日给奶牛补充 20 mg 的生物素可以有效降低常见的蹄病发病率。研究表明，补充生物素还能够显著提高产奶量和乳蛋白含量。奶牛每日摄入 200 mg 生物素可每日增产 2. 8 g 奶。

二、山羊的维生素需要量

山羊维生素日需要量因体重大小、年龄长幼和健康状况而不同。小的、年幼的山羊维生素需要量比年长的、成熟而未生产的山羊大。由于大多数维生素可由瘤胃微生物合成，因此只需补充少量几种。脂溶性维生素中，只有维生素 A 可能缺乏。瘤胃微生物可合成 B 族维生素和维生素 K，所以一般不需补充，可能由于有些地区缺乏钴，从而使维生素 B_{12}的合成受限。建议山羊应补充维生素 A、维生素 D、维生素 E。其中维生素 A 日需要量 3 500~11 000 IU、维生素 D 250~1 500 IU、维生素 E 5~100 IU。羔羊在瘤胃未发育成熟前还应补充维生素 B_1 3~8 mg/kg 日粮和维生素 B_{12} 0. 02~0. 05 μg/kg 日粮。维生素 E 需要量是每千克干物质为 15 U。

三、鹿的维生素需要量

在自然状态下，鹿可通过采食青绿植物来获得大部分脂溶性维生素。但在人工饲养条件下，为了保证鹿正常生长、妊娠和泌乳，必须在日粮中提供足够的脂溶性维生素。梅花鹿不同时期的维生素 A、维生素 D 和维生素 E

的营养需要量如表 3-6 所示。

表 3-6　不同时期梅花鹿对主要矿物元素

维生素	成年鹿生茸期	断奶仔鹿	母鹿妊娠期	母鹿泌乳期
维生素 A（IU/kg）	7 500~10 000	3 000~4 500	10 000~14 000	8 000~10 000
维生素 D（IU/kg）	800~1 200	400~700	1 000~1 400	750~1 000
维生素 E（IU/kg）	100~200	35~45	80~120	80~120

第四章
牛不同生长期饲养管理

第一节　犊牛饲养管理

一、新生犊牛护理

图 4-1　新生犊牛

（图片由浙江省丽水市云和县奶牛养殖户提供）

犊牛（图 4-1）出生后应首先清除初生犊牛口腔及鼻孔内的黏液，以利呼吸，并轻压肺部，以防黏液进入气管，妨碍呼吸或导致窒息。如犊牛生后不能马上呼吸，可能是黏液堵塞了气管，应将犊牛倒立使其后肢向上，除去口腔和鼻子周围的黏液。当犊牛已吸入黏液而造成呼吸困难时，可握住犊牛的后肢将牛倒提起并拍打胸部，使之吐出黏液。之后擦净体表黏液，尤其是冬春季节，防止因蒸发而散失热量。如果黏液进了肺脏，犊牛可能立即窒息，为“唤醒”犊牛，可用一桶冷水洗注犊牛。正常时，母牛会立即舔食而无须进行擦拭。另外，母牛唾液酶的作用也有利于清除黏液，并增加母子气味交流和增进母子感情。随后，脐带往往可以自然扯断，如未断，用消毒剪刀在距腹部 6～8 cm 处剪断脐带，再用 5%的碘酒消毒断端，以防感染。断脐一般不结扎，以自然脱落为好。剥去犊牛软蹄，犊牛若想站立，应帮其站稳。然后称重并准确记录，母犊牛还要编号，接着饲喂初乳，在犊牛舍进行喂养。

二、饲喂方法

（一）饲喂时间

初乳的饲喂要及时，因为犊牛对牛初乳中抗体的吸收具有时效性。有研究表明，犊牛在刚出生时对抗体的吸收率为20%左右，在出生后6 h为10%，出生后12 h则为5%，而在出生36 h之后犊牛则不再具有吸收抗体的能力，所以要在犊牛出生后立即饲喂初乳，最佳饲喂时间为犊牛出生后1 h之内，最迟不得超过12 h。目前国内牛场采用灌服的方式给新生犊牛饲喂初乳。

（二）饲喂量

犊牛初乳的饲喂量是有一定标准的，通常以出生时的体重为标准，在犊牛出生的第一个6 h内饲喂量为初生重的8%，即初生体重为40 kg的犊牛，初乳的摄入量为3.2 kg以上。出生后1 h内饲喂量为2.25~2.5 kg，出生当天饲喂4次，每次饲喂量为2.25~2.5 kg，每次间隔5~7 h。之后每天饲喂3次，持续4~5 d，转喂犊牛常乳。

（三）初乳的保存

优质初乳对犊牛健康有重要影响，为了保证犊牛每次都能吃到高品质的初乳，所以初乳的保存必须得到重视。首先，刚挤下来的初乳，要用初乳测定仪对初乳进行检测，倘若初乳质量不佳，要立即扔掉，不可再饲喂给犊牛。

三、初乳饲喂的注意事项

（1）在饲喂时要先将母牛乳房中的前三把奶弃掉，因为其中含有大量的细菌。

（2）饲喂时可以使用带有橡胶奶嘴的奶瓶，犊牛惯于抬头伸颈吮吸奶牛的乳头，是其生物本能的反应。并且在每次饲喂完后都要将饲喂工具进行彻底清洗，以免滋生细菌。

（3）在饲喂初乳时要注意不可饲喂过量，如果初乳的饲喂量超过了犊牛的真胃容积，就会发生倒流而引起犊牛消化紊乱，因此要根据犊牛的体重控制好饲喂量。

（4）挤出的初乳要立即哺喂犊牛，若初乳温度下降，需经水浴加温至

38~39℃再喂，饲喂过凉的初乳是犊牛下痢的重要原因。相反，初乳热稳定性差，若饲喂的初乳温度过高，不仅破坏免疫球蛋白，而且易导致犊牛因过度刺激而发生口炎、肠胃炎等疾病或拒食。

（5）对于体质较弱的犊牛要减少初乳的饲喂量，增加饲喂次数，从而在保证其消化的同时，满足其营养需要。

四、常乳的饲喂方法

常乳为奶牛产犊 7 d 后所产的奶，其成分相对于初乳趋于稳定，是犊牛从出生第 2 天至断奶前的主要营养来源，并且是乳制品的主要原料。产后 30 h 初乳与常乳成分比较，仅乳糖含量低于常乳，其他含量高于常乳（其他：酪蛋白、乳清蛋白、总蛋白、乳脂肪、总灰分、Ca、Mg、Zn、Cu、Fe、Na）。

“五定”原则：通常情况下，犊牛在吃完初乳后 8 h 便可以饲喂常乳。常乳的饲喂采用“五定”原则：定时、定量、定温、定人、定质。

（1）定时。定时是指两次饲喂之间的间隔时间，一般间隔 8 h 左右。若饲喂间隔时间太长，下次喂乳时容易发生暴饮，从而将闭合不全的食道沟挤开，使乳汁进入尚未发育完善的瘤胃而引起异常发酵，导致腹泻。但间隔时间也不能太短，如在喂奶 6 h 之内犊牛又吃奶，则形成的新乳块就会包在未消化完的旧乳块残骸外面，容易引起消化不良。饲喂时应注意喂犊牛的奶嘴要光滑牢固，以防犊牛将其拉下或撕破。其开口孔径应适度，以 2.0~2.5 mm 为宜，可用 12 号铁丝烧烫一小孔，也可用剪子在奶嘴顶端剪一个“十”字。这样就会促使犊牛用力吸吮，促进消化机能的发育。避免强灌犊牛。用桶喂时应将桶固定以防撞翻，因为犊牛天性喜用鼻子向前冲撞来刺激乳腺排乳。保持犊牛饲喂用具的清洁卫生。犊牛喂完奶后必须将其嘴上的残奶用干毛巾擦净，以防产生相互舐吸的恶癖。初生犊牛用奶瓶喂奶，3 d 后训练其自饮。奶瓶用完后需用冷水洗净后再用热水洗 1 次，夏季可放在室外用阳光进行消毒。犊牛喂奶必须定时、定量、定温。饲喂时应注意及时补料。犊牛 7~10 日龄开始训练吃优质干草，第 10~15 天开始训练犊牛吃精料，1 月龄后可饲喂胡萝卜、瓜类等，1.5~2 月龄可饲喂青贮饲料。精料单独饲喂，每顿分 3 次喂，喂完精料再喂干草，然后喂 2 次青贮饲料。

（2）定量。定量是指犊牛每天乳汁的喂量。随着犊牛的增长，喂奶量也会发生变化。一般情况下，犊牛的日饲喂量为出生体重的 8%~10%，分 3 次喂完。犊牛产后 2~7 d，每天喂奶 2 次，每次 4 L。产后 8~14 d，每天喂奶 2 次，每次 5 L。产后 15~40 d，每天喂奶 2 次，每次 4 L。产后 41~45 d，每天喂奶 2 次，每次 2 L。犊牛产后 46~50 d，临近断奶，要减少喂奶量，每天喂奶 1 次，每次 3 L；应视犊牛健康状况合理掌握，在不影响犊牛消化的前提下尽量饮足，确保犊牛吃饱吃好。喂量不足会影响犊牛的健康和生长，但喂量过多则会出现营养性腹泻。因为犊牛在 12 周龄之前还没有合理调节食欲的能力，即本身不能根据代谢能需求作出应答，对采食的唯一限制是胃的容量。

（3）定温。喂奶前应当保证牛奶的温度，夏季奶温为 35~38℃，冬季奶温为 38~39℃，特别注意的是常乳温度不可过高或过低。温度过低会引起犊牛腹泻；而温度过高会导致犊牛口舌生疮，影响食欲，降低采食量，引起营养不良；故生产中多采用水浴加温至各季节的适宜温度用以饲喂犊牛。

（4）定人。为避免生疏带来犊牛应激，饲喂犊牛人员必须由专人负责，不得随意更换人员。

（5）定质。定质是指乳汁的质量。为保证常乳的质量，必须进行巴氏消毒，也可用优质代乳粉代替常乳。为保证犊牛健康最忌喂给劣质或变质的乳汁，如母牛产后患乳房炎，其犊牛可喂给产犊时间基本相同的健康母牛的初乳。

犊牛饲喂方法有很多，主要包括奶瓶饲喂法、奶桶饲喂法、自动饲喂法、群体饲喂法等。当下牧场普遍使用奶瓶饲喂法和奶桶饲喂法，一方面相较于自动饲喂法成本低，另一方面单独饲喂也可以避免犊牛之间的疾病传播。但是，奶桶饲喂和奶瓶饲喂也存在很多问题，无法满足定时、定量和定温的要求，而选择自动饲喂法，利用自动饲喂系统，不仅可以避免上述问题，还可以改善犊牛健康，促进其生长发育，保证成年后较高的生产性能。

犊牛出生后饲喂足量的初乳后，从第 2 天起可以使用代乳粉。代乳粉目前主要有两类：常规代乳粉（20%~22%蛋白质，15%~20%脂肪）和高蛋白代乳粉（28%蛋白质，15%~20%脂肪）。犊牛不同增重水平对于代乳粉营养成分的需求不同。犊牛如果日增重为 0.4 kg，代乳粉蛋白质含量为 23.4%即可，而如果日增重为 1.0 kg，代乳粉蛋白质含量为 28.7%才能满足营养需求。如果按照常规代乳粉（20%粗蛋白质和 20%粗脂肪）饲喂，犊牛无法获得足够的蛋白质，从而降低了犊牛增重蛋白质的比例。

五、常乳饲喂的注意事项

（1）饲喂时通常使用桶或盆，每次饲喂完后都要将饲喂工具进行彻底清洗，以免滋生细菌。

（2）大多数犊牛在一段时间后便可以自行喝奶，但有一小部分犊牛即便是到了 1 月龄或更大还是需要人的引导，牧场工作人员就要在饲喂时特别注意，避免这部分犊牛无奶可喝。

（3）在饲喂犊牛过程中，发现犊牛不正常喝奶甚至不喝时要引起注意，很有可能是犊牛发病的征兆。

六、犊牛早期断奶的饲养管理

早期断奶已经被多数养殖企业所接受。犊牛早期断奶的方法大致可分为两个阶段。第一阶段，犊牛出生后最初几天饲喂初乳，初乳的足量摄取能提高犊牛免疫能力，是早期断奶成功与否的关键。之后可用代乳粉逐步代替 1/2～2/3 的鲜牛奶饲喂。第二阶段，完成牛乳过渡后全部用代乳粉作为牛乳营养来源，并开始训练犊牛采食开食料，任其自由采食，同时提供优质青草或柔软干草料，这一过程各个品种犊牛存在差异，需要根据品种及当地养殖环境进行摸索（图 4-2）。

图 4-2 断奶犊牛

（图片拍自河北省君源牧业有限公司）

七、早期断奶方法

新生犊牛瘤胃未发育，特别是它的瘤胃微生物环境还没有建立起来，目前，人们普遍采用机械刺激和化学刺激两种方式来促进犊牛瘤胃的发育。

机械刺激即通过喂给犊牛优质牧草和干草以达到增大瘤胃的容积，刺激瘤胃乳头发育并使犊牛瘤胃早日建立菌群，以提高其消化饲料的能力最终达到促进瘤胃发育的目的。犊牛出生后 10 d 左右开始训练采食干草，以牧草或优质干草为主，要保证质量。开始应饲喂少量牧草或优质干草，待犊牛适应后逐渐增加供给量。

犊牛在采食饲料后，食物在瘤胃内经微生物发酵，产生大量的挥发性脂肪酸，这些挥发性脂肪酸不仅为犊牛提供能量需要，而且瘤胃在吸收挥发性脂肪酸时本身也受到刺激，即通过化学刺激促进瘤胃的生长发育。瘤胃在吸收挥发性脂肪酸的过程中，锻炼了瘤胃乳头的吸收能力，同时也促进了瘤胃乳头的生长发育，增强瘤胃壁细胞的代谢活动，促进了瘤胃的发育。

犊牛早期断奶技术的另一技术要点就是做好断奶过渡工作。断奶前，早期补饲是犊牛断奶过渡的关键环节。由全乳转换为代乳料，再转换为精料的补饲过程中，由于饲料组成及营养成分的改变，犊牛可能会出现一些异常表现。有研究表明，犊牛在任何日龄断奶都会存在应激反应，如食欲差、消化功能紊乱、腹泻、生长迟缓、饲料采食量少、饲料利用率低等所谓的犊牛早期断奶综合征等。主要是因为犊牛消化功能不健全，胃吸收能力差，营养暂时性吸收不足所致。此时应严格掌握饲料质量和饲喂标准，让犊牛安全度过换料关。

过渡渐增式补饲可以减少断奶应激。犊牛出现反刍时要及时补饲，而且，随着日龄的增长，犊牛采食固体饲料增多。此时，提高精料比例可以促进瘤胃乳头的发育，提高干草比例可以提高胃的容积和组织发育。但要注意的是过量精料会增加瘤胃角质层厚度，影响瘤胃壁的吸收功能，最终导致瘤胃炎发生。一般犊牛连续 3 d 能采食 1 kg 以上的精料，可以有效地反刍时，可判定为犊牛断奶节点。另外，断奶体重也是一个盘点犊牛断奶的重要指标，如果 24 日龄时犊牛体重偏轻，则不宜使用早期断奶技术，特别是相对于快速早期断奶（1~5 d 断掉），慢速早期断奶（15~17 d 断掉）犊牛的体重在断奶前较轻。如果没有做好早期断奶的过渡工作，这些问题的产生或者没有处理及时，会给养殖户造成损失。

为了犊牛能尽快采食足量的开食料以达到断奶要求，可从 1~2 日龄开始给予优质、均一的开食料，并确保犊牛在 5~7 日龄时已采食部分开食料。如果犊牛不吃开食料，就要通过人工饲喂或者喂完奶后把开食料放在奶桶底部的办法让犊牛进食开食料。精心照顾，确保犊牛健康是犊牛早期断奶成功的关键。

犊牛断奶的时候，牛奶可以一次性停止饲喂，也可以逐渐减量，但是一定要确保饲料逐渐改变。断奶后再饲喂相同的开食料 1 周左右，然后开食料再与谷物混合一起饲喂，这样可以使犊牛逐渐适应生长料。当犊牛每天采食的精饲料达到 5~6 磅（1 磅≈0. 453 6 kg）的时候可以开始给它们提供优质干草，也就是断奶后 1~2 周，或者 6~7 周龄的时候。采用早期断奶的管理模式，必须要清楚犊牛每天开食料的投喂量。每天为犊牛提供精饲料并在料桶上标记，并称量剩料来计算每天准确的采食量。通过记录采食量的方法可以确定犊牛的具体断奶日龄，同时还能监测犊牛的健康状况，健康的犊牛可以早期断奶。

如果犊牛到了断奶节点却不能成功，说明犊牛饲养管理中存在其他问题。可能是初乳饲喂量不足、通风不好、犊牛开食料的品质差、潮湿阴冷的环境，以及存在其他应激因素。犊牛断奶时要面对来自日粮、畜舍、环境等多方面的严重应激。结果导致体重下降、采食量下降、对病原菌敏感。因此，成功断奶的关键就是减少应激。需要注意的事项如下。

（1）在转群之前，要给犊牛一定的适应时间以减少断奶应激。断奶后，转入新牛舍之前，犊牛至少要有一周的适应时间。为了顺利过渡，可先将断奶犊牛按每组 4~6 头组群，这样可以使犊牛逐渐适应群体生活。小规模组群能够降低犊牛对采食和休息区域的竞争造成的应激。断奶后的第一次组群对犊牛的环境适应非常重要。第一次混群之后，犊牛就可以转入更大的群，也就可以适应不同的饲养和管理模式。但是组群也不能过大，组群过大会影响后备牛的生长发育。

（2）因为断奶后犊牛分群饲养，这样很容易接触到多种病原，因此只有健康的犊牛才能断奶。不仅因为犊牛有可能接触到更多的病原，还因为断奶后日粮的改变会抑制犊牛的免疫系统。

（3）维生素 C 可以提高犊牛免疫力，有效减缓断奶时期的应激。另外，犊牛断奶后，其腹泻发生率随着日粮中蛋白质含量的提高而增高，降低蛋白质水平也可减轻肠道免疫反应和腹泻程度。

（4）舍饲区域要求通风良好，以减少呼吸道疾病的感染风险。此外，栏舍内要干净并且垫草要充足，以减少犊牛接触到粪便中的病原。犊牛饲料中要添加抗球虫的药物，以减少球虫病的风险。犊牛很容易感染球虫病，是因为断奶应激会抑制免疫系统。避免在断奶前后给犊牛去角和免疫接种，这会加重犊牛的断奶应激。最后需要注意的一点是不要在极端天气下给犊牛断奶，极端天气能够改变犊牛的能量需要，抑制免疫系统，从而加重断奶应激。关于早期断奶的更多细节参见《犊牛饲养管理关键技术》（孙鹏，2020）。

八、犊牛的管理

（1）三勤。管理初生犊牛必须细心，应做到“三勤”，即勤打扫，勤换垫草，勤观察。犊牛生活的环境应保持清洁、干燥、温暖、宽敞和通风，所以要勤打扫、勤更换垫草，并应定期消毒来保证卫生条件，在夏天或犊牛拉稀的情况下尤其必要。要随时观察犊牛的精神状况、粪便状态以及脐带变化。首先，观察其精神状况。健康犊牛一般表现为机灵、眼睛明亮、耳朵竖立、被毛闪光，否则就有生病的可能。特别是患肠炎的犊牛常常表现为眼睛下陷，耳朵垂下，皮肤包紧，腹部卷缩，后躯粪便污染；患肺炎的犊牛常表现为耳朵垂下，伸颈张口，眼中有异样分泌物。其次观察其粪便状态和肛门周围。注意粪便的颜色和黏稠度，注意肛门周围和后躯有无脱毛部位。如有脱毛现象，可能是营养失调而导致腹泻。另外应观察脐带，如果脐带发热肿胀，可能患有急性脐带感染，还可能引起败血症。

（2）防止犊牛舐癖。犊牛舐癖是指犊牛相互吸吮，是一种极坏的习惯，危害极大。其吸吮部位较多，如嘴巴、耳朵、脐带、乳头、牛毛等。吸吮嘴巴（喂完奶后极易发生）这种“接吻”行为容易传染疾病；吸吮耳朵在寒冷情况下容易造成冻疮；吸吮脐带容易引发脐带炎；吸吮乳头容易导致犊牛成年后瞎乳头，吸吮牛毛容易在瘤胃中形成许多大小不一的扁圆形毛球，久之会因堵塞食道沟或幽门而致命。有的牛甚至到了成年还继续保持这种恶习，经常偷吃其他泌乳牛的奶，造成很大的损失。对犊牛这种恶习应该予以重视和防止，首先初生犊牛最好单栏饲养。其次犊牛每次喂奶完毕，应将犊牛口鼻部残奶擦净。对于已经形成舐癖的犊牛，可用带领架（鼻梁前套一小木板）纠正，同时避免用奶瓶喂奶，最好使用小桶喂。

第二节　后备期奶牛饲养管理

育成牛通常是指 7 月龄至初配前的奶牛，而青年牛则是指初配后至初次分娩前的奶牛（图 4-3）。育成牛的特点是既不产奶、初期又尚未怀孕，而且也不像犊牛时期易于得病。因此，在规模化奶牛场往往得不到应有的重视，忽略了育成牛的饲养管理，从而严重影响了培养的预期效果。因此，规模化奶牛场要加强对育成牛和青年牛的培育，对育成牛应定期称重、测量体尺以检查发育情况，发现问题及时纠正。只有加强育成牛、青年牛等后备牛的培育和饲养管理，才能充分发挥出以后整个生命周期的生产潜力和生产性能。

图 4-3　青年牛

（图片拍自河北省君源牧业有限公司）

一、育成牛的饲养

育成阶段的后备奶牛生长发育强烈、代谢旺盛、体重增加较快。牛的生长规律一般是骨—肉—膘。育成阶段的后备牛正处于肌肉和骨骼发育最快的时期，所以，应合理地制定日粮以满足其生长发育的需要。为了细化这一时期的饲养管理工作，又可将它分为 2 个饲养阶段。

（一）第一阶段（6~12 月龄）

此阶段是犊牛培育的继续，为母牛性成熟期。在此时期，母牛的性器官和第二性征发育很快，体躯向高度和长度两个方向急剧生长，其前胃已相当发达，容积扩大 1 倍左右。因此，在饲养上要求既要能提供足够的营养，又必须具有一定的容积，以刺激前胃的生长。育成牛时期除给予优质的干草和青饲料外，还必须补充一些混合精料，精料比例占饲料干物质总量的 30%~40%。每头牛每日喂精料 2~2.5 kg，青贮饲料 10~15 kg，干草 2~2.5 kg。每日日粮营养需要：干物质 5~7.0 kg；粗蛋白质 600~650 g；钙 30~32 g；磷 20~22 g。防止过度营养使青年牛过肥。过度采食或过肥对未来泌乳和繁殖不利，要控制日增重，日增重不能超过 0.9 kg，发育正常时 12 月龄体重可达 280~300 kg。

（二）第二阶段（12~18 月龄）

这一阶段是第二性征出现、生殖器官进一步发育的阶段。此阶段牛的消化器官更加扩大，为进一步促进其消化器官的生长，其日粮应以青、粗饲料为主，其比例约占日粮干物质总量的75%，其余25%为混合精料，以补充能量和蛋白质的不足，每头日喂精料 3~3.5 kg，青贮料 15~20 kg，干草 2.5~3.0 kg。每日日粮营养需要：干物质 6.0~7.0 kg，体重应达 400 kg。并在运动场放置干草、秸秆等以供自由采食。

二、育成牛的管理

此阶段育成牛生长迅速，抵抗力强，发病率低，容易管理，在生产实践中，有些生产单位往往疏忽这个时期的饲养管理，导致育成牛生长发育受阻，体躯狭浅，四肢细高，延迟发情和配种，导致成年时泌乳遗传潜力得不到充分发挥，给生产造成巨大的经济损失。具体管理措施如下。

1. 定期称重、测量体尺

日粮组成根据这阶段的生长发育特点，为使其达到与月龄相当的理想体重，每天日增重，以防机体组织中积聚过多脂肪而影响各种器官的功能；应适当控制能量饲料喂量，以免大量的脂肪沉积于乳房，影响乳腺组织的发育，消除抑制生产潜力发挥的因素；确保 13~15 月龄时体重达到 350 kg，以达到配种的体重、体高。体重和体高与产奶量有很强的正相关，尤其是第一胎，体重与体高之间的关系可用来判断日粮是否平衡，体重增加与体高增加不相符可能是日粮蛋白过低所致，理想的日增重为 0.7~0.9 kg/d，理想的体高为增长 3 cm/月，每月定期测量 1 次体尺，根据这些指标来调整饲料的营养成分及精粗饲料的比例。

2. 体况评分

奶牛体况评分（body condition scoring，BCS），主要以观察和触摸奶牛臀角和尾根之间、髋骨以上，覆盖腰椎的部分脂肪数量来主观估测奶牛能量状况的一种手段。体况评分分值为 1~5 分，最小分差为 0.25 分（表 4-1）。

表 4-1　奶牛体况评分

分值	体况	尾根	腰部
1 分	瘦弱	深陷，皮下没有脂肪，皮肤松软，表皮粗糙	脊柱突出，水平突出明显

（续表）

分值	体况	尾根	腰部
2分	中等	凹陷，臀角突出，皮下少量脂肪，皮肤松软	腰角突出，但略覆盖有脂肪，后端呈现圆形
3分	良好	脂肪覆盖整个区域，皮肤光滑，可以触摸到骨盆	按压可以感到水平突出，腰部轻微凹陷
4分	肥胖	臀角不明显，被脂肪覆盖	脊柱不明显，触摸不到突起，完全呈现为圆形
5分	过度肥胖	被脂肪组织包围，用力按压也无法触摸骨盆	背腰平直，看不到脊柱

3. 分群管理

犊牛满6月龄后转入育成牛舍时，公、母应分群饲养。另外，处于这一阶段的育成牛应根据月龄、体格和体重相近的原则进行分群。对于大型奶牛场，群内的月龄差不宜超过3个月，体重差不宜超过50 kg；对于小型奶牛场，群内月龄差不宜超过5个月，体重差不宜超过100 kg。每群数量越少越好，最好为20~30头。严格防止因采食不均造成发育不整齐。根据体况分级及时调整，吃不饱的体弱牛向更小的年龄群调动，相反过强的牛向大月龄群转移，过了12月龄的会逐渐地稳定下来。对于体弱、生长受阻的个体，要分开另养。

4. 断角和剪取副乳

由于在犊牛阶段采取断角和剪取副乳后，由于断角不彻底或修剪副乳不完全，有些奶牛又重新长出，在13月龄左右，可以再用断角钳等设备再次断角和剪取副乳。

5. 刷拭牛体

每天坚持刷拭牛体。保持牛体清洁，促进皮肤代谢和养成温驯的气质，育成牛和青年牛每天应刷拭1~2次，每天5~10 min。

6. 掌握好初情期

育成牛的初情期大体上出现在8~12月龄前。初情期的表现并不规律。因此，对初情期的掌握很重要，要在计划配种的前2~3个月注意观察其发情规律，及时配种，并认真做好记录。配种过早导致成年体重过低；相反若配种过迟，虽第一胎产奶量较配种早的母牛稍多，但终生产奶量低。

7. 加强运动

在舍饲的饲养方式下，育成牛每天舍外运动不得低于4 h。以增强体质、锻炼四肢，促进乳房、心血管及消化、呼吸器官的发育。在12月龄之前生长发育快的时期更应运动，不然前肋开张不良，后肢飞节不充实，胸底狭窄，前肢前踏与外向，影响牛的使用年限与产奶。日光浴，除促进维生素 D_3 的合成外，还可以对促使体表皮污垢的自然脱落起作用。育成牛一般让其自由运动即可。

8. 按摩乳房

为促进育成牛特别是妊娠后期育成牛乳腺组织的发育，应在给予良好的全价饲料的基础上，适时采取乳房按摩的办法，效果十分明显。对6~18月龄的育成母牛每天可按摩1次，18月龄以后每天按摩2次。按摩可与刷体同时进行。每次按摩时要用热毛巾擦拭乳房，产前1~2个月停止按摩。但在此期间，切忌用力擦拭乳头，以免擦去乳头周围的异状保护物，引起乳头龟裂或因病原菌从乳头孔处侵入，导致乳房炎发生。

总之，育成牛虽说较易管理，但不可忽视，管理的好坏直接影响此时期牛的发情排卵情况，只有在遵循以上原则的基础上，注重圈舍、运动场地干净清洁，创造适宜环境温度，保证奶牛有足够的活动空间。且牛舍内及运动场地要定时、定人进行消毒，每一个月要进行一次消毒药物的更换，一般选用3~4种不同类型的消毒药液周期性轮换使用，运动场要设置凉棚和饮水槽。牛才能更好地生长发育，为将来高产鉴定基础。

三、青年牛的饲养管理技术

青年牛是指19月龄到初产阶段的牛（怀孕后到分娩前的头胎牛）。此期正是奶牛处于交配受胎的阶段，生长发育逐渐减慢。因此，这阶段应以喂给奶牛品质优良的青绿饲料、块根、青贮饲料和干草类饲料为主，精料为辅到妊娠后期，适当增加精料喂量，每天饲喂2~3 kg，以满足胎儿生长发育的需要，荷斯坦后备奶牛在初产时的体重应该达到580~635 kg。此部分可参见《后备牛饲养管理关键技术》（孙鹏，2020）。

（一）青年牛饲养

（1）19~23月龄青年牛。该阶段奶牛处于怀孕期，生长强度逐渐减缓，体躯显著向宽、深方向发展。若营养过剩，在体内容易蓄积过多脂肪，导致牛体过肥，造成不孕；但若营养缺乏，又会导致牛体生长发育受阻，成为体躯狭浅、四肢细高、产奶量不高的母牛。怀孕的最后4个月，营养需要明显增加，应按奶牛饲养标准进行饲养。饲料喂量不可过量，保持中等体况，体重保持在500~520 kg，防止过肥导致难产或其他疾病。从初孕开始，饲料喂量不能过多，以粗饲料为主，妊娠初期视牛膘情日补精料 1～1.5 kg。怀孕 5 个月后日补精料 2～3 kg，青贮饲料 15～20 kg，干草 2.5～3.0kg，日粮营养要求：干物质 7～9 kg；粗蛋白质 750～850 g；钙 45～47 g；磷 32～34 g。

（2）24 月龄青年牛。该阶段奶牛处于产犊前，体重 580～600 kg；日粮粗蛋白质含量在 13.0%～14.5%，能量 5.86 MJ/kg，精粗比 40∶60，干物质摄入量 10 kg。在这个阶段，要让它们和成母牛适应一段时间，接触成母牛粪便，提高自身免疫力。

（二）青年牛的管理

（1）采取散放饲养、自由采食。青年牛的管理重点是在妊娠后期加强饲养管理，不喂变质、霉变的饲料，预防流产。

（2）运动与调教。青年怀孕牛牛舍及运动场，必须保持卫生，设置自动饮水装置，供给充足的饮水。分娩前 2 个月的青年怀孕牛，应转入成年牛牛舍进行饲养。这时饲养人员要加强对它的护理与调教，如定时梳刷等，以使其能适应分娩后的管理。

（3）及时按摩乳房。初配怀孕后的奶牛，每天可按摩两次，每次按摩时用热毛巾轻轻擦揉乳房，分娩前 1～2 个月停止按摩，切忌擦拭乳头，以免擦去乳头周围的蜡状保护物，引起乳头龟裂，或因擦掉“乳头塞”而使病原菌从乳头孔侵入，导致乳房炎和产后乳头坏死。

（4）定时修蹄。青年牛在妊娠 7 个月前进行一次修蹄。

（5）防止青年牛过度肥胖。依据膘情适当控制精料给量防止过肥，产前 21 d 控制食盐和多汁饲料的饲喂量，预防乳房水肿。观察乳腺发育，减少牛只调动，保持圈舍、产房干燥、清洁，严格消毒程序。注意观察牛只临产征状，做好分娩准备和助产工作。以自然分娩为主，掌握适时、适度的助产方法。

第三节　围产期奶牛饲养管理

奶牛的围产期是奶牛养殖过程中一个较为重要的阶段，围产期饲养管理好坏关系到奶牛的健康、繁殖性能和生产性能，所涉及的工作较多，包括饲料、管理和疾病的预防工作等。

（一）围产前期管理

1. 日粮管理

逐步添加精料饲喂量，提高日粮能量浓度。奶牛进入围产期后即应开始逐步增加日粮中精料的比例，一方面可以使瘤胃微生物逐渐适应高精料型日粮，同时使日粮结构与围产后期日粮尽量保持一致，减少由产后日粮结构突变所造成的应激；另一方面，由于临近分娩，奶牛内分泌系统发生了巨大变化，导致奶牛进入围产期后干物质采食量急剧下降，但同时其对于营养物质的需求却在不断增加，因此在围产前期应适当提高日粮能量浓度，为应对产后能量负平衡做一定的能量储备。

2. 分群管理

围产前期奶牛应单独组群饲养，配制围产期日粮。分群应遵循以下原则：如条件允许应将头胎牛与经产牛分开饲养；应根据奶牛体况制订饲喂方案，保证奶牛分娩时的体况评分在3.25~3.75。

3. 饲养管理

提高奶牛干物质采食量，奶牛分娩前后1周不宜大幅度改变日粮结构和更换饲料，尽量不用适口性差的饲料喂牛。严格管控饲料质量，禁喂发霉变质饲料。供给奶牛充足、清洁的饮水，冬季最好供给温水。加强巡舍，以及时发现临产奶牛并将其转入产房待产。加强奶牛运动，预防难产和胎衣不下发生。

4. 环境管理

围产期奶牛生活环境应干净、干燥、舒适，定期更换垫料，每天对卧床和采食通道进行消毒，定期对运动场进行整理和消毒。每天应对奶牛的后躯进行消毒，有条件的每天对奶牛乳头进行药浴，以防乳房炎发生。

5. 其他

奶牛进入围产期后技术人员应加强巡舍，及时发现临产奶牛并将其转入产房待产，此期间应保证奶牛可以随意进出运动场做运动。

（二）围产后期饲养管理

围产后期是奶牛分娩后的恢复阶段，此时奶牛虚弱，免疫力下降，能量负平衡显著。此阶段应提高奶牛的采食量，促进其体质恢复，降低产后疾病的发生率，为即将到来的泌乳高峰奠定基础。围产后期奶牛是本胎次产奶的关键，所以抓好这一阶段的饲养管理工作是整个泌乳期的重中之重。

1. 日粮管理

围产后期奶牛产奶量较高，但采食量尚未恢复，为满足低采食量下奶牛的营养需要，应逐渐提高日粮营养浓度。分娩后让奶牛自由采食饲料，供给其适量优质牧草，防止真胃移位等疾病发生。产后 1 周内的奶牛，饲养上以优质干草为主，任其自由采食，精料逐日渐增 0.45～0.50 kg。对产奶潜力大、健康状况良好、食欲旺盛的奶牛应多加精料，反之则少加。同时，在加料过程中要随时注意奶牛的消化和乳房水肿情况，如发现消化不良，粪便稀或有恶臭，或乳房硬结，水肿迟迟不消等现象，就要适当减少精料。待恢复正常后，再逐渐增加精料，待奶牛食欲恢复，身体健康后，再按标准喂给。应逐步增加精料喂量，但应防止精料增加过快导致瘤胃酸中毒发生，一般可在产后 10～15 d 将精料喂量提升至 8.0～9.0 kg/d。为缓解产后能量负平衡导致体况损失，可在奶牛日粮中添加适量过瘤胃脂肪。

为了防止由于大量泌乳而引起乳热症等疾病，对于体弱及 3 胎以上的奶牛，应视情况补充葡萄糖酸钙 500～1 500 mL。对有乳热症病史的牛，日粮钙含量应降为 20～40 g/d，磷含量 30 g/d，钙磷比调为 1∶1，如已发生乳房过度水肿，则需酌减精料量。除此之外，为防止奶牛产后血镁浓度的降低，应在奶牛日粮中增加镁含量。

不宜饮用冷水，以免引起胃肠炎，一般最初水温宜控制在 37～38℃，1 周后方可逐渐降至常温。为了增进食欲，宜尽量让奶牛多饮水，但对乳房水肿严重的奶牛，饮水量应适当控制。保证母牛饮用水充足，水温恒定 37～38℃，切忌给牛饮冷水。奶牛分娩体力消耗很大，分娩后应让其休息，并加强营养，以利奶牛恢复体力和胎衣排出。

2. 产房管理

为新产牛提供舒适、干净、干燥的生活环境，定期对新产牛舍，尤其是卧床进行消毒，同时保证新产牛可以自由进出运动场。分娩时应尽量保证奶牛顺产。对发生难产的奶牛需及时助产，助产时应严格遵循消毒和助产程序，分娩完成后应立即将犊牛与母牛分离并将母牛赶起灌服营养液、挤初乳、去尾毛。挤初乳时应严格执行挤奶程序并检查奶牛是否患有乳房炎，同时检测初乳质量。

3. 产后监护

产后监护主要包括体温、泌乳状况、粪便情况、胎衣排出情况等。产后连续 10 d，每天上、下午各进行一次体温监测，若体温异常，应及时查找原因并处置。每日检查新产牛的泌乳量和牛奶状况，若泌乳量以每日约 5%的比例上升，可视为奶牛健康状况良好。粪便方面，应每日观察新产牛的粪便性状，若粪便稀薄、发灰、恶臭则表明奶牛瘤胃可能出现异常，此时应适当减少精饲料喂量，提高优质粗饲料用量，严重的应及时治疗。每日观察胎衣和恶露的排出状况，及时将奶牛排出的恶露清理干净，并用1%~2%的来苏尔消毒新产牛的臀部、尾根、外阴、乳镜等部位，产后几天只能观察到稠密的透明状分泌物而不见暗红色的液态恶露就应及时治疗，分娩后12 h胎衣仍未排出即可视为胎衣不下。此外，还应观察奶牛的外阴、乳房、乳头是否有损伤，是否有发生产乳热的征兆等。

4. 挤奶管理

在挤奶过程中，一定要遵循挤奶操作规程。新产牛的乳房水肿严重，若不及时将牛奶挤净会加剧乳房胀痛，抑制泌乳能力，同时也会影响奶牛的休息与采食。除难产牛和体质极度虚弱的牛外，应一次性将初乳挤净。新产牛若不及时挤净初乳可引发临床型乳房炎，一次性将牛奶挤净不仅能最大程度地避免上述情况发生，同时还可以刺激泌乳能力，提高整个胎次的泌乳量。挤奶前后应严格执行药浴程序，防止人为原因导致奶牛乳房炎发生。若新产牛健康状况良好，产后10~15 d即可转入泌乳群饲养。

第四节　泌乳期奶牛饲养管理

一、泌乳初期

（一）生理特点

奶牛的泌乳初期是奶牛产后的2~3周内（图4-4），这一阶段奶牛的生理特点为刚经历了分娩，体质较为虚弱，消化功能有所减退，处于气血两亏的状态，有的奶牛还会因分娩而造成产道有不同程度损伤，生殖道还没有恢复，恶露也还未排净，乳房还会发生不同程度的水肿。奶牛在此时的抵抗力下降，食欲还没有恢复，但是同时乳腺的机能加强，产奶量升高，对营养的需要量高。高营养需求与低采食量会造成奶牛出现营养负平衡，从而影响奶牛体质的恢复和泌乳性能的发挥。因此，此阶段饲养管理的重点是帮助奶牛尽快恢复健康，不得过早催奶，否则大量挤奶极易引起产后疾病，因此，在产后4 d内不挤空牛奶，15 d内集中饲养进行康复，一个月内不进行催乳。

（二）饲喂

产后日粮应立即改喂高钙日粮（钙占日粮干物质的0.7%~1.0%），1~

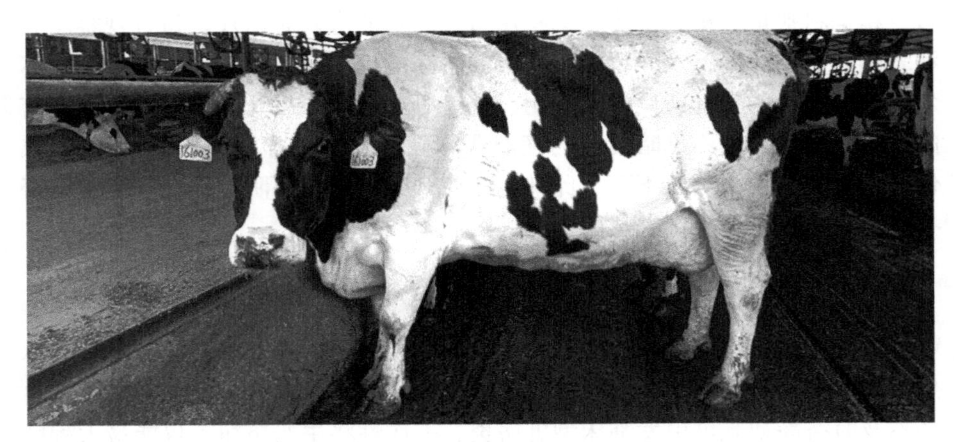

图 4-4　泌乳期奶牛

（图片拍自河北省君源牧业有限公司）

2 d 不喂或少喂精料，从第 2 天开始逐步增加精料。高产奶牛分娩 2~3 d 开始给 1.8 kg 精料，以后每天增加 0.3 kg 精料，在加料过程中要密切注意奶牛的食欲和消化机能以确定增加量，但在此期间日精料供给量不应超过 10 kg，直到消化好转、恶露排出和乳房软化后再加料。乳房肿胀严重的奶牛应该控制食盐的喂量。

产后 2~3 d 以供给优质牧草为主，让奶牛自由采食，最低饲喂量 3 kg/d。粗饲料品质越差，消化率越低。不喂多汁类饲料、青贮饲料和糟粕类饲料，以免加重乳房水肿。3~4 d 后逐渐增加青贮饲料喂量。精粗料比例为 4∶6，以保证瘤胃正常发酵，避免瘤胃酸中毒、真胃变位以及乳脂下降。如果奶牛产后乳房不水肿、食欲正常、体质健康，产后第 1 天就可投给一定量的精料和多汁料，5 d 后即可按饲养标准组织日粮。为预防奶牛因产奶钙流失过多，造成产后瘫痪，日粮中钙含量应达到 0.6%以上，每天日粮中干物质量占体重的 2.5%~3.0%，每千克干物质中含 2.3~2.5 产奶净能单位，粗蛋白质 18%~19%，钙 0.6%~1.0%，磷 0.5%~0.7%，粗纤维大于 15%。一般奶牛产犊后，由于过度失水，要立即喂给温热、充足的麸皮粥，麸皮粥的配制比例为 10 kg 水、11 kg 麸皮、30 g 食盐，水温 37~38℃，1 周后可降至常温。

（三）管理

由于奶牛泌乳初期体质还未恢复，抵抗力较差，因此要注意保持产房与牛体的卫生，防止产后感染的发生，另外，还要注意防止奶牛因产后大量泌乳而发生产后瘫痪。奶牛在分娩后要做好清理和消毒工作，包括牛体和周围环境，排出的胎衣等要及时清理干净。奶牛产后要科学挤奶，在最初挤奶时不宜一次性挤干净，否则会导致乳压升高，加剧乳房的水肿。在挤奶时要注意将头 1~2 把奶弃掉，并在每次挤奶前对乳房进行热敷和按摩。

二、泌乳盛期

（一）生理特点

泌乳盛期是指母牛产后 15~20 d 到 2~3 个月，该阶段以保证瘤胃健康为基础。其生理特点是奶牛体质恢复，消化机能正常，乳房水肿消失，体质得到了很好的恢复，产奶量增加，并在产后 40 d 左右达到产奶高峰期，约占全期泌乳量的 40%，可谓黄金泌乳阶段。高产奶牛采食量高峰比泌乳高峰迟 6~8 周，即奶牛的最大采食量发生在产后的 80~100 d，此期代谢旺盛，但营养摄入却不足，大多数奶牛都会出现掉膘严重的现象。在这个时期内奶牛不得不动用体贮来满足产奶需要，泌乳前 8 周体重损失 25 kg 是常常发生的，大约每失重 1 kg 可满足生产 3 kg 奶的能量，1. 5 kg 奶的蛋白质需要，因而蛋白质成为第一限制因素，增加营养可以减少空档，使失重控制在合理范围内，现在提倡的“挑战饲养”或“预支饲养”就是在泌乳盛期，除供给满足维持和泌乳的营养需要外，还可以额外多给精料，只要产奶量能随精料增加而继续上升就继续增料（比实际产奶量所需营养高 3~5 kg）直到增料后产奶量不增时，才将多余的料减下来，减料要比加料慢些。

（二）饲喂

要根据奶牛的实际产奶量来确定适合的饲养方法。从产前 2 周开始，直至产犊后泌乳达到高峰，逐渐增加精料，到临产时喂量不得超过体重的 1% 为限。分娩后 3~4 d 起，逐渐增喂精料，每天增加 0. 5 kg，直至泌乳高峰精料达到日粮总干物质的 65%。整个饲养期必须提供优质干草和青贮，日粮粗纤维大于 15%，以保证瘤胃发酵正常和乳脂率正常，同时补充丰富的钙、磷源饲料。此期的精粗料比为 6：4。日粮干物质应由占体重的 2. 0%~3. 0%，逐渐增加到 3. 5%以上，粗蛋白质占 16%~18%，钙含量 0. 7%，磷含量 0. 45%。精粗比由 4：6 逐渐改为 6. 5：3. 5，粗纤维含量不少于 15%。注意饲喂优质干草，对减重严重的牛添加脂肪。

（三）管理

奶牛泌乳高峰期的管理非常重要，关系到奶牛整个泌乳期的产奶量和奶牛的健康。泌乳高峰期奶牛管理的目的是使泌乳量快速升高进入泌乳高峰期，同时还要保证泌乳高峰期长且稳定，使奶牛的泌乳性能最大潜力地发挥，从而提高整个泌乳期的产奶量。

泌乳高峰期要加强奶牛乳房的护理，这一阶段是乳房炎高发的阶段。泌乳量增加，可适当增加挤奶的次数，要在每次挤奶前做好热敷和按摩，在每次挤奶后对乳头进行药浴，减少乳房感染病菌的机会。合理地饲喂，奶牛在泌乳高峰期采食量增加，需要适当延长饲喂的时间，并且要少量饲喂，勤添料，保持饲料的新鲜和奶牛旺盛的食欲，使奶牛充分反刍，促进饲料的消化与吸收，确保瘤胃的健康。目前奶牛饲喂多采用全混合日粮（TMR），如果不使用则要让奶牛先采食粗饲料，再采食精饲料，避免奶牛出现挑食的现象。充足的饮水是奶牛保持高泌乳量的关键，在泌乳高峰时产奶量增加，代谢旺盛，需水量多，因此要加强饮水管理，在饲养过程中要给奶牛提供充足、清洁的饮水，夏季最好饮用凉水，冬季最好饮用温水。

奶牛在泌乳高峰期要维持良好的体况，合理饲喂，避免体重下降严重，并且在饲养过程中要做好观察工作，包括奶牛的泌乳量、采食量、排泄情况、体况、繁殖性能等方面的观察，并做好记录。如果发现异常要及时处理。另外还要密切注意奶牛产后的发情情况，如果发现奶牛发情，要及时配种。

三、泌乳后期

（一）生理特点

通常把分娩后 210 d 到干奶期这一阶段称为泌乳后期。这一时期比较容易饲养，产奶量逐渐下降，牛已怀孕，在食欲正常的情况下，摄入的营养往往大于牛的需要量，不仅能恢复泌乳期的失重，还能贮存营养，恢复较好的膘情，准备进入干乳期。但是仍然需要合理饲养，尽可能维持泌乳的持久力。切勿忘记青年母牛还在长身体，需要的营养物质，一方面恢复前期的失重，另一方面供生长需要，一般情况下可参照饲养标准，在维持的基础上，头胎牛增加 20%，二胎牛增加 10%。饲料的安排上可以增大粗料和精料的比重，降低饲养成本，满足泌乳和恢复体况的营养需要。

（二）饲喂

此阶段饲养管理的重点是调整饲喂方法，使泌乳量平缓下降，以提高奶牛整个泌乳期的产奶量。因此，在饲喂时要根据不同奶牛的实际情况进行合理饲喂，对于体况和膘情正常的奶牛采用常规的饲喂法即可，满足奶牛维持需要的同时饲喂适量的精料，用以满足产奶的需要。但是如果在前期的体能消耗过大，膘情较差，则需要加强饲喂。此部分可参见《泌乳牛饲养管理关键技术》（孙鹏，2020）。

第五节　肉用牛饲养管理

一、肉牛肥育方式

肉牛肥育方式一般可分为放牧肥育、半舍饲半放牧肥育和舍饲肥育三种。

（一）放牧肥育方式

放牧肥育是指从犊牛到出栏牛，完全采用草地放牧而不补充任何饲料的肥育方式，也称草地畜牧业。这种肥育方式适于人口较少、土地充足、草地广阔、降水量充沛、牧草丰盛的牧区和部分半农半牧区。例如新西兰肉牛育肥基本上以这种方式为主，一般自出生到饲养至 18 月龄，体重达 400 kg 便可出栏。如果有较大面积的草山草坡可以种植牧草，在夏天青草期除供放牧外，还可保留一部分草地，收割调制青干草或青贮料，以供越冬饲用。这种方式也可称为放牧育肥，且最为经济，但饲养周期长（图 4-5）。

图 4-5　肉牛

（二）半舍饲半放牧肥育方式

夏季青草期牛群采取放牧肥育，在寒冷干旱的枯草期将牛群舍内圈养，这种半集约式的育肥方式称为半舍饲半放牧肥育。此法通常适用于热带地区，因为当地夏季牧草丰盛，可以满足肉牛生长发育的需要，而冬季低温少雨，牧草生长不良或不能生长。我国东北地区，也可采用这种方式。但由于牧草不如热带丰盛，故夏季一般采用白天放牧，晚间舍饲，并补充一定精料，冬季则全天舍饲。采用半舍饲半放牧肥育方式应控制母牛在夏季牧草期时分娩，犊牛出生后，随母牛放牧自然哺乳，这样，因母牛在夏季有优良青嫩牧草可供采食，故泌乳量充足，能哺育出健康犊牛。当犊牛生长至5~6个月龄时，断奶重达100~150 kg，随后采用舍饲，补充一点精料过冬。在第二年青草期，采用放牧肥育，冬季再回到牛舍舍饲3~4个月即可达到出栏标准。此法的优点是：可利用最廉价的草地放牧，犊牛断奶后可以低营养过冬，第二年在青草期放牧能获得较理想的补偿增长。

（三）舍饲肥育方式

肉牛从出生到屠宰全部实行圈养的肥育方式称为舍饲肥育。舍饲的突出优点是使用土地少，饲养周期短，牛肉质量好，经济效益高。缺点是投资多，需较多的精料。适用于人口多、土地少、经济较发达的地区。舍饲肥育方式又可分为拴饲和群饲。舍饲肥育较多的肉牛时，每头牛分别拴系给料称之为拴饲。其优点是便于管理，能保证同期增重，饲料报酬高。缺点是运动少，影响生理发育，不利于育肥前期增重。一般情况下，给料量一定时，拴饲效果较好。群饲问题是由牛群数量多少、牛床大小、给料方式及给料量引起的。一般6头为一群，每头占4 m^2。为避免斗架，肥育初期可多些，然后逐渐减少头数。或者在给料时，用链或连动式颈枷保定。如在采食时不保定，可设简易牛栏像小室那样，将牛分开自由采食，以防止抢食而造成增重不均。但如果发现有被挤出采食行列而怯食的牛，应另设饲槽单独喂养。群饲的优点是节省劳动力，牛不受约束，利于生理发育。缺点是：一旦抢食，体重会参差不齐；在限量饲喂时，应该用于增重的饲料能量反转到运动能量上，降低了饲料报酬。当饲料充分，自由采食时，群饲效果较好。

二、肉牛肥育技术

肉牛肥育技术，在生产实践中根据不同的分类标准，一般分为以下几个体系：按性能划分，可分为普通肉牛肥育和高档肉牛肥育；按年龄划分，可分为犊牛肥育、青年牛肥育、成年牛肥育、淘汰牛肥育；按性别划分，可分为公牛肥育、母牛肥育、阉牛肥育；根据饲料类型可分为精料型直线肥育、前粗后精型架子牛肥育。本节结合实际生产需要，主要介绍犊牛肥育、青年牛肥育、架子牛肥育、高档牛肉生产等技术体系。

（一）犊牛肥育

犊牛肥育又称小肥牛肥育，是指犊牛出生后 5 个月内，在特殊饲养条件下，育肥至 90~150 kg 时屠宰，从而生产出风味独特，肉质鲜嫩、多汁的高档犊牛肉。犊牛肥育以全乳或代乳品为饲料，肉色很淡，故又称“白牛”生产。

（1）品种。一般利用奶牛业中不作种用的公犊进行犊牛育肥。在我国，多数地区以荷斯坦奶牛公犊为主，主要原因是黑白花奶牛公犊前期生长快、育肥成本低，且便于生产。

（2）性别、年龄与体重。一般选择初生重不低于 35 kg、肢体无缺损、健康状况良好的初生公牛犊。

（3）体形外貌。选择头方大、前管围粗壮、蹄大的犊牛。由于犊牛吃了草料后肉色会变暗，不受消费者欢迎，为此犊牛肥育不能直接饲喂精料、粗料，应以全乳或代乳品为饲料。1~2 周代乳品温度为 38℃左右，之后改为 30~35℃。饲喂全乳的同时要加喂油脂，为更好地消化脂肪，可将牛乳均质化，使脂肪球变小，如能喂当地的黄牛乳、水牛乳，效果会更好。饲喂应用奶嘴，每日喂 2~3 次，日喂量从最初 3~4 kg，以后逐渐增加到 8~10 kg，4 周龄后喂到能吃多少吃多少。犊牛饲喂到 1.5~2 月龄，体重达到 90 kg 时即可屠宰。如果犊牛增长率很好，进一步饲喂到 3~4 个月龄，体重 170 kg 时屠宰，也可获得较好效果。但屠宰月龄超过 5 月龄以后，单靠牛乳或代乳品的增长率较低，且年龄越大，牛肉越显红色，肉质较差。

（二）青年牛肥育

青年牛肥育主要是利用幼龄牛生长快的特点，在犊牛断奶后直接转入肥育阶段，给以高水平营养，进行直线持续强度育肥，13~24 月龄前出栏，出栏体重达到 360~550 kg。这类牛肉鲜嫩多汁、脂肪少、适口性好，是一种高档的牛肉。青年牛的舍饲强度肥育一般分为适应期、增肉期和肥育期 3 个阶段。

（1）适应期。刚进舍的断奶牛不适应环境，一般要有 20 个月左右的适应期。应让其自由活动，充分饮水，每日饲喂优质青草或干草，以后逐步增加麸皮饲喂量，当牛能进食 1~2 kg 麸皮时，逐步换成育肥料。其参考配方如下：酒糟 5~10 kg，干草 15~20 kg，麸皮 1~1.5 kg，食盐 30~35 g。

（2）增重期。一般为 7~8 个月，分为前后两期。前期日粮参考配方为：酒糟 10~20 kg，干草 5~10 kg，麸皮、玉米粗粉、饼类各加 0.5~1 kg，尿素 50~70 g，食盐 40~50 g。饲喂尿素前将其溶解在水中，与酒糟或精料混合饲喂。切忌放在水中直接让牛饮用导致中毒。后期参考配方为：酒糟 20~25 kg，干草 2.5~5 kg，麸皮 0.5~1 kg，玉米粗粉 2~3 kg，饼类 1~1.3 kg，尿素 125 g，食盐 50~60 g。

（3）育肥期。这个时期主要是促进牛体膘肉丰满，沉积脂肪，一般持续 2 个月。参考配方是：酒糟 20~30 kg，干草 1.5~2 kg，麸皮 1~5 kg，玉米粗粉 3~3.5 kg，饼类 1.25~1.5 kg。尿素 150~170 g，食盐 70~80 g。为了提高增肥效果，每天使用 200 mg 莫能菌素混于精料中饲喂，体重可增加 10%~20%。肉牛舍饲强度育肥要通过短缰拴系，喂料时先粗后精，最后饮水，坚持定时定量饲喂的原则。每日饲喂 2~3 次，饮水 2~3 次。喂精料时应先取酒糟用水拌湿，或干、湿酒糟各半混均，再加麸皮、玉米粗粉和食盐等。采食最后加入少量玉米粗粉，使牛把料吃净。饮水在给料后 1 h 左右进行，水温应控制在 15~25℃。

（三）架子牛快速肥育

架子牛快速肥育也称后期集中肥育，是指犊牛断奶后，在较粗放的饲养条件下饲养到 2~3 周岁，体重达到 300 kg 以上时，采用高强度的肥育方式，集中肥育 3~4 个月，充分利用牛的补偿生长能力，达到理想体重和膘情后屠宰。这种肥育方式成本低，精料用量少，经济效益较高，应用较广。架子牛的肥育要注意以下几个环节：购牛前 1 周，应将牛舍粪便彻底清除，用水清洗后，用 2%的氢氧化钠溶液对牛舍地面、墙壁进行喷洒消毒，用 0.1%的高锰酸钾溶液对器具进行消毒，最后再用清水清洗一次。如果是敞篷牛舍，冬季应扣塑膜暖棚，夏季应搭棚遮阴，保证通风使其温度不低于 5℃。架子牛的优劣直接决定着肥育效果与效益。应选夏洛莱、西门塔尔等国际优良品种与本地黄牛的杂交的后代，且年龄在 1~3 岁，体型大、皮松软，膘情较好，体重在 300 kg 以上，健康无病。架子牛入栏后应立即进行驱虫。常用的驱虫药物有阿弗米丁、丙硫苯咪唑、敌百虫、左旋咪唑等。应在空腹时进行，以利于药物吸收。驱虫后，架子应隔离饲养 2 周，其粪便消毒后，进行无害化处理。驱虫 3 日后，为增加食欲，改善消化机能，应进行一次健胃。常用于健胃的药物是人工盐，其口服剂量为每头每次 60~100 g。

肥育架子牛应采用短缰拴系，限制活动。缰绳长0.4~0.5 m为宜，使牛不便趴卧，俗称“养牛站”。饲喂要定时定量，先粗后精，少给勤添。刚入舍的牛因对新的饲料不适应，头一周应以干草为主，适当搭配青贮饲料，少给或不给精料。肥育前期，每日饲喂2次，饮水3次；后期日饲喂3~4次，饮水4次。每天上、下午各刷拭一次。经常观察粪便，如粪便无光泽，说明精料少，如便稀或有料粒，则精料太多或消化不良。在我国，架子牛肥育的日粮以青粗饲料或酒糟、甜菜渣等加工副产物为主，适当补饲精料。精粗饲料比例按干物质计算为1：(1.2~1.5)，日干物质采食量为体重的2.5%~3%。

（四）高档牛肉生产

（1）年龄与体重要求。牛的年龄在30月龄以内，屠宰活重为500 kg以上，体形呈长方形，腹部下垂，背平宽，皮较厚，皮下有较厚的脂肪。

（2）胴体及肉质要求。胴体表面脂肪的覆盖率达80%以上，背部脂肪厚度为8~10 mm以上，第12和13肋骨间脂肪厚为10~13 mm，脂肪洁白、坚挺；胴体外形无缺损；肉质柔嫩多汁，牛肉剪切值在3.62 kg以下的出现次数应在65%以上；大理石纹明显；每条牛柳2 kg以上，每条西冷5 kg以上，方能符合西餐要求，使用户满意。

（3）生产方式。根据我国生产力水平，现阶段架子牛饲养应以专业乡、专业村、专业户为主，采用半舍饲半放牧的饲养方式，夏季白天放牧，晚间舍饲，补饲少量精料，冬季全天舍饲，寒冷地区扣上塑膜暖棚。舍饲阶段，饲料以秸秆、牧草为主，适当添加一定量的酒糟和少量的玉米粗粉、豆饼。

（4）建立育肥牛场。生产高档牛肉应建立育肥牛场，当架子牛饲养到12~20月龄，体重达300 kg左右时，集中到育肥场育肥。肥育前期，采取粗料日粮过渡饲养1~2周。然后采用全价配合日粮并应用增重剂和添加剂，实行短缰拴系，自由采食，自由饮水。经150 d一般饲养阶段后，每头牛在原有配合日粮中增喂大麦1~2 kg，采用高能日粮，再强度育肥120 d，即可出栏屠宰。

第六节　牦牛饲养管理

牦牛是青藏高原特有物种之一，也是该地区的当家畜种。我国作为全世界牦牛分布最多的国家，有1 600多万头牦牛，占全世界数量的95%以上，主要分布在青海省、西藏自治区、甘肃省甘南藏族自治州、四川省甘孜藏族自治州和阿坝藏族羌族自治州、云南省迪庆藏族自治州和新疆巴音郭楞蒙古自治州等青藏高原及其毗邻区域，其中青藏高原是牦牛的主产区域。牦牛养殖方式目前主要以放牧、半舍饲和舍饲为主。

一、放牧养殖

青藏高原草场资源辽阔，草场面积近21亿亩（1亩≈667 m^2，下同），占整个高原总面积的53%，草场类型包含高山草甸草场、高原湖盆草甸草场、高原宽谷草原草场、山地草原草场、高原宽谷荒漠草场、山地荒漠草场、山地灌丛草场、沼泽草场等。其中高山草甸草场和高原宽谷草原草场面积最大，以禾本科、莎草科、蓼科、菊科牧草为主，牧草营养价值高，具有“三高一低”（即粗蛋白质、粗脂肪、无氮浸出物含量高，粗纤维含量低）的特性，适口性强，为牦牛放牧养殖提供了优质的天然牧草资源。

（一）放牧养殖管理

（1）春季放牧。一般选择小气候条件优越、避风向阳、雪融化快、牧草发芽较早的草场作为春季草场。春季气候变化大，多大风雪，该阶段是牦牛全年最瘦弱时期，所以春季主要以保膘、减少瘦弱牛只死亡为目标。春季大风多在午后，故上午应牧牦牛于山上，下午牧牦牛于山坡、山谷或平滩草原。一般放牧时，先采食枯黄牧草，然后采食青草芽，避免采食过度而导致腹泻。对于多小灌木丛草场，应充分应用于牦牛放牧，因为灌丛下往往有大量青草芽及出土较早的牧草。春季是牦牛的产犊季节，应在放牧的基础上加以补饲。

（2）夏季放牧。一般选择地势较高、凉爽通风、蚊蠓较少、水源好的地段作为夏季草场。夏季气候适宜，牧草营养丰富，是牦牛放牧的黄金时期。该季节的主要目标是促使牦牛尽快恢复体况，抓膘，促使母牦牛发情。夏季气温较高，放牧尽可能在高山凉爽的草场放牧，避免中暑和蚊蠓叮咬，但应注意避免雷电和冰雹等突发灾害。夏季牧草生长旺盛，牦牛放牧应做到早出晚归，让牦牛尽可能多地采食牧草。特别是太阳升起前的露水草，对于牦牛复壮作用明显，且太阳升起前气温凉爽，无蚊蠓干扰，牦牛采食量可明显提高。此外，夏季沼泽草场较多，放牧时应注意防止寄生虫病的危害和蹄病的发生。

（3）秋季放牧。秋季草场要求牧草丰茂，饮水方便。秋季放牧的主要目标是抓膘，为牦牛安全越冬度春打基础。该季节雨水偏少，气候温和，牧草结籽变黄，营养价值逐步降低。因此，放牧时更应该早出晚归，让牦牛摄入更多营养，放牧同时要保证牦牛多饮水。秋末霜降时，应在早霜消融后出牧，以避免疾病和怀孕母牛的流产，但应保证至少 10 h 的放牧时间。同时，秋季放牧应进行一次驱虫。

（4）冬季放牧。一般选择距离定居点近、避风向阳的低洼地、沟谷缓坡地、丘陵地、平坦地段作为冬季牧场。冬季气候寒冷，牧草枯黄，不仅数量少，而且品质差，因此放牧的主要目标是保膘和保胎。出牧时间不宜过早，以早上 9: 00 左右为宜，归牧时间以太阳落山（17: 00—18: 00）为宜。中午气候较温暖，应尽量让牦牛多采食、少卧息。天气晴朗，则可适当远牧，放牧于阴山、山坡；天气不好，则尽可能近牧，防止大风雪侵袭；风雪天气，尽可能放牧于阳山、平滩、山洼。赶牧速度要慢，空腹不饮冷水，将水温控制在 15~20℃，避免妊娠期母牛的流产。在暴风雨雪天气，应该停止放牧，在圈舍内补饲。

（二）放牧存在的问题

（1）牧草季节性供应不均衡。由于受到寒冷气候的影响，青藏高原植物生长期很短、枯萎期很长，牧草一般 5 月开始返青而 9 月就进入枯黄期，因此牧草的季节性供应很不均衡，夏秋季节牧草生长旺盛，营养过剩，造成营养物质的浪费。冬春季牧草枯萎，营养供应不足，导致牦牛营养不良。有研究表明，牦牛在暖季积累的能量有一半以上在冷季被消耗，放牧牦牛冷季体重的损失可达暖季增重的 80%~120%，这大大降低了牧草物质和能量的转化效率，同时浪费了大量的牧草资源。最终造成牦牛长期处于“夏饱、秋肥、冬瘦、春死亡”的恶性循环。

（2）放牧管理水平低下。牧民文化水平普遍较低，放牧管理粗放。沿袭祖辈终年放牧及靠天养畜的饲养方式，使得牦牛长期处于营养失调状态，加之因宗教信仰等原因牧民的牦牛 5~6 岁才出栏，使得牦牛放牧养殖条件下生长慢、饲喂周期长、周转慢、商品率低，尤其是遇到周期性的雪灾，由于没有贮备饲草料，导致大量的牦牛死亡，造成严重的经济损失。

（3）草场退化严重。随着人口的迅速增长和牦牛数量的迅猛增加，无节制的牦牛放牧，导致天然草场出现过度放牧的问题，加之人为活动、草原鼠虫害危害等因素，导致青藏高原草地严重退化、沙化，“黑土型”退化草地面积逐渐扩大，草地生态环境日趋恶化，草畜矛盾日益突出。其突出表现为草场初级生产力下降，生物多样性减少，草地植物群落结构发生变化，优良牧草丧失竞争和更新能力而逐渐减少，毒杂草比例增加，这使得草地质量逐年变劣，伴随而来的是牦牛个体变小，体重下降，畜产品减少，出栏率、商品率低，能量转化效率下降等一系列问题，进而严重影响牦牛业的发展。

综上，无论是从生态保护方面，还是牦牛科学养殖方面来讲，天然放牧养殖方式存在诸多弊端，应在其基础上加以改进，取长补短，根据生产目的采取科学合理的饲养管理措施，以期实现高效生态健康养殖。

二、半舍饲养殖

为了防止因过度放牧造成的草场退化，保护青藏高原生态环境，国家接连出台了草畜平衡补贴和禁牧补贴等政策，这收紧了用于天然放牧的草场面积。大量研究表明，无论是冷季还是暖季，牦牛补饲均能显著提升牦牛的生产性能，甚至改善牦牛肉品质。在这种大环境下，牦牛以放牧为主，补饲为辅的半舍饲养殖方式应运而生，目前牦牛补饲以日粮（精补料、粗饲料）补饲和矿物质舔砖补饲为主。

（一）精、粗料补饲

精料补饲主要在冷季进行，越早补饲越能减轻牦牛掉膘程度，每年冬春补饲应从元月份开始至青草萌发，5个月左右。补饲对象以犊、幼及妊娠母牛为主。日补饲量遵循先少后多，逐渐增加的原则；补饲要定时，以收牧后补饲较好。精料补饲形式以牦牛专用配合颗粒饲料为最佳，也可自行补饲玉米、豆粕、菜籽饼等饲料原料。除此之外，青海省畜牧兽医科学院（青海大学畜牧兽医科学院）自主研发的动物营养舔砖（糖蜜尿素舔砖）也可作为精料补饲的另一种形式，该类型补饲饲料由玉米、麸皮、脱毒菜籽饼、糖蜜、尿素、食盐、微量元素添加剂等按一定比例调和压制而成，舔食量可根据牦牛的年龄、体格大小，通过对配方中黏合剂的比例调节加以控制。在草场质量差，产草量低，放牧采食严重不足的情况下，也可通过“青干草+营养舔砖”的形式进行补饲，该补饲方法可以最低的投入换取较高的产出，适用于放牧牦牛补饲。牦牛暖季补饲精料补充料与冷季基本一致，但补饲量可适当降低，为0.5~1.0 kg/d。粗料补饲形式以燕麦青干草、青贮、氨化秸秆等为主，青干草水分控制在15%以下，饲喂前铡碎至3 cm左右，补饲量根据经济条件自行调整。

（二）矿物质补饲

矿物质对于牦牛生长至关重要，需要定期补饲。矿物质补饲一般以舔砖的形式进行，舔砖由盐、碳酸钙和磷酸二氢钙等常量矿物质饲料原料、微量元素、维生素等饲料添加剂按照一定比例配合压制而成。舔砖一般悬挂于圈舍内牦牛容易触及的地方，牦牛可根据需要自由舔食。当然，配合日粮中的预混料合理添加，也是实现牦牛矿物质营养平衡的有效途径。根据放牧牦牛采食牧草的矿物质营养盈缺状况，调整配合饲料中的各矿物质元素的含量和配合饲料中预混料的添加量，可以更好地实现牦牛营养均衡。

半舍饲养殖可以缓解草畜矛盾、成本相对较低，因此被牧民广泛接受，是青藏高原牧区牦牛养殖的主要方式，然而，随着畜牧业的发展，为了更为高效地养殖牦牛，对科学化、精细化养殖的要求越来越高，半舍饲养殖方式由于难以精确估计放牧部分的采食量，因此无法实现营养的精准供给。牦牛全舍饲养殖成为现代化养殖方式的必然趋势和养殖模式之一。

三、全舍饲养殖

牦牛规模化养殖中，饲料成本占总成本的70%左右，营养供给过剩会造成资源浪费，营养供给不足会影响牦牛生产性能，因此营养精准供给是最大限度降低饲养成本的关键。这就需要对牦牛的营养需要、采食量、饲草料营养价值等信息有比较精确的掌握，这些信息是保障规模化牦牛舍饲养殖的前提和基础。

（一）牦牛营养需要量

1. 牦牛能量需要量

针对幼龄牦牛的研究表明，在测试呼吸室控温15℃条件下，1岁母牦牛的绝食代谢产热量为302.84 [kJ/(kg $W^{0.75}$·d)]，呼吸商（R. Q.）为0.723；4月、8月、12月、16月龄牦牛的维持代谢能需要量分别为：0.624 MJ/kg $W^{0.75}$、0.399 MJ/kg $W^{0.75}$、0.326 MJ/kg $W^{0.75}$、0.318 MJ/kg $W^{0.75}$；以代谢能摄入量（MEI）、代谢体重（$W^{0.75}$）及日增重（ΔW）建立的代谢能需要量回归方程为 $MEI = 25.173 + 0.212W^{0.75} + 8.875\Delta W$（$R^2 = 0.965$）。生长期阉牦牛日粮能量消化率（DE/GE）和能量代谢率（ME/GE），分别为60%~77%和50%~70%，而能量沉积率为9%~25%；代谢能用于维持（Km）和生长育肥（Kg）的利用效率分别为0.66和0.49；生长期牦牛代谢能维持需要量为458 kJ/kg $W^{0.75}$，较低海拔（2 261 m）FHP为302.13 kJ/kg $W^{0.75}$。4~8岁非泌乳母牦牛维持需要量545 kJ/(kg $BW^{0.75}$·d)，代谢能用于增重的利用效率为0.627，$ER = -342_{(35)} + 0.627_{(0.051)} \times MEI$（$n = 21$，$R^2 = 0.88$，$P<0.001$）。

2. 牦牛蛋白需要量

早期研究发现，生长牦牛可消化蛋白质最低维持需要量为 2.012 $W^{0.52}$（g/d），可消化蛋白质维持需要量为 6.61 $W^{0.52}$（g/d）（低氮日粮）和 6.09 $W^{0.52}$（g/d）（氮平衡），生长牦牛蛋白需要量计算方程为 $RDCP = 6.093\ W^{0.52} + (1.1548/\Delta W + 0.0509/W^{0.52})^{-1}$。随着研究的深入，有学者建立了幼龄牦牛（4、8、12、16 月龄）N 排泄（TN）与总 N 采食量（NI）、体重（LW）之间的回归关系（$n = 64$），分别为 N 排泄 TN（g/d）$= 0.487_{(0.016)}$ NI（g/d）（$R^2 = 0.954$，$P < 0.001$）和 N 存留（g/d）$= 0.532_{(0.018)}$ NI（g/d）（$R^2 = 0.947$，$P < 0.001$）、N 排泄与体重 TN（g/d）$= 0.216_{(0.008)}$ LW（kg）（$R^2 = 0.95$，$P < 0.001$）。通过对妊娠期 150 d、180 d、220 d 和泌乳期 65 d 和 120 d 母牦牛净氮需要量进行研究（$n = 9$），得到五个阶段净氮需要量预测方程，分别为存留氮 $RN = 0.884_{(0.112)}\ NI - 0.4541_{(0.084)}$（$R^2 = 0.899$，$P < 0.001$）、$RN = 0.921_{(0.147)}\ NI - 0.5062_{(0.136)}$（$R^2 = 0.848$，$P < 0.001$）、$RN = 0.946_{(0.100)}\ NI - 0.536_{(0.077)}$（$R^2 = 0.917$，$P < 0.001$）、$RN = 0.3957_{(0.031)}\ NI - 0.3897_{(0.041)}$（$R^2 = 0.9598$，$P < 0.001$）和 $RN = 0.4102_{(0.064)}\ NI - 0.3284_{(0.078)}$（$R^2 = 0.8556$，$P < 0.001$）。

3. 牦牛矿物质需要量

在 2013—2016 年，李亚茹（2016）、薛艳锋（2016）和李万栋（2016）开展了生长期牦牛主要矿物元素研究系列工作，确定了在牦牛日粮中适宜添加量及添加形式，结合其他肉牛矿物质营养需要及耐受度数据，牦牛矿物质营养需要量及日粮耐受浓度可参考表 4-2。

表 4-2　牦牛矿物质营养需要量及日粮耐受浓度参考值

矿物元素	单位	生长期牦牛	生长肥育牛	母牛		最大耐受度
				妊娠阶段	哺乳前期	
钠（Na）	%	0.06~0.08	0.06~0.08	0.06~0.08	0.1	—
钾（K）	%	0.6	0.6	0.6	0.7	2
镁（Mg）	%	0.1	0.1	0.12	0.2	0.4
铁（Fe）	mg/kg	20~40（30）	50	50	50	500
钴（Co）	mg/kg	0.1	0.15	0.15	0.15	25
铜（Cu）	mg/kg	10~20（15）	10	10	10	40
锰（Mn）	mg/kg	40~60（50）	20	40	40	1 000
锌（Zn）	mg/kg	20~40（30）	30	30	30	500

（续表）

矿物元素	单位	生长期牦牛	生长肥育牛	母牛		最大耐受度
				妊娠阶段	哺乳前期	
钼（Mo）	mg/kg	—	—	—	—	5
硒（Se）	mg/kg	0.2~0.4（0.3）	0.1	0.1	0.1	5

数据来源：NRC（1980，1996，2000，2005，2016），薛艳锋（2016）、李万栋（2016）和周义秀（2020ab）。

4. 牦牛采食量

每百千克牦牛体重采食量范围在 2~6 kg，且随着采食牧草或日粮的质量升高采食量增加，但多数采食量测定结果在 2~4 kg。另外，有学者通过测定牦牛舍饲条件下 16 头生长期牦牛采食量，建立了预测牦牛舍饲饲养采食量的模型：$Y=0.0165W+0.0486$，$r=0.959$（胡令浩，1997），可作为日粮配制的依据。

（二）牦牛舍饲饲养管理

1. 种公牦牛管理

通常而言，种公牦牛很少做舍饲饲养，但随着牦牛养殖集约化程度越来越高，为了提升种公牛的精液品质，全舍饲精细化饲养成为必要。根据营养需要参数，精准的配制日粮，为了保障精液品质，日粮营养水平一般会高于推荐量的 8%~10%。牦牛半年左右就可以发情，但由于身体未达到配种最佳时机，因此，在此阶段养殖户不能做配种工作，需在养殖一年或者一年半后，当牛身体达到最佳配种期进行配种。在进行种公牦牛培育时，养殖户需尽量选择中上等膘情，性欲旺盛的单圈饲养，并在配种时为规避近亲配种，每 3 年调换配种公牦牛是十分必要的。

2. 母牦牛管理

舍饲饲养母牦牛不是最佳的养殖方式，但通过严格的成本控制，可以实现较好的生产性能和养殖收益。与公牦牛相似，母牦牛的性成熟期也是半年左右，但与前者不同，只要母牦牛体重达到成年牦牛体重的 70%就可进行第一次配种。通常来讲，母牦牛的发情期会持续 20 d 左右，发情时间持续 40 h，在母牦牛发情期后 36 h 进行配种最佳。建议母牦牛舍饲饲养关键期在配种期和围产期，其他期则采取放牧加补饲的饲养方式。

3. 犊牦牛管理

带犊母牛生产方式是未来牦牛产业发展方向，但为了生产犊牛肉，在青藏高原发展舍饲饲养势在必行。在犊牛养殖期间，初期喂食母乳，不仅能够保证母牦牛健康，同时可满足犊牛生长需求。在牦牛两周龄之后，可以采取自由采食代乳料和优质粗饲料的方式进行饲喂，在犊牛 6 月龄之后断奶，断奶后及时做好犊牛料配制和饲养工作。犊牛持续育肥时间为 10~12 个月，分两阶段进行育肥，第一阶段多粗料，少精料，主要促进骨骼、内脏生长发育；第二阶段精料比例不得低于 55%，主要促进肌肉生长和脂肪沉积，实现快速出栏目标。

4. 育肥牛管理

牦牛全舍饲饲养主要是指牦牛舍饲育肥出栏，为市场提供牦牛肉。牦牛育肥期日粮设计，根据牦牛体重、预期日增重和采食量精确计算牦牛营养需要量，以玉米、青稞、豆粕、菜籽饼、棉籽粕、酒糟、燕麦青干草、青稞秸秆、青贮等为原料配制牦牛育肥日粮。牦牛育肥主要为架子牛短期育肥。架子牛短期育肥时间为 3~6 个月，分三阶段育肥，第一阶段为适应期，精料由 500g 逐渐增加，第二阶段精料占比 50%，主要促进肌肉的生长和脂肪的沉积，第三阶段精料可高达 70%，为高强度育肥期。

除此之外，牦牛饲养管理应做好圈舍设计，圈舍温、湿度控制，圈舍清洁及消毒管理，牦牛疫病防控，适时出栏等工作。

第五章
羊不同生长期饲养管理

第一节　绵羊不同生长期饲养管理

一、绵羔羊的饲养

（一）尽早吃到吃饱初乳

初乳是指繁殖母羊生产后 3～5 d 内分泌的乳汁。初乳不仅黏稠，营养均衡全面，易被消化吸收，而且含有较多的免疫球蛋白及其他抗体和溶菌酶，对抵抗疾病、增强体质具有重要作用；此外，初乳中还含有大量的镁盐，能帮助羔羊及早排出胎粪，预防便秘的发生。一般羔羊出生后 1h 内必须吃到初乳，对于繁殖母羊发病等原因吃不到初乳的羔羊，最好也能让它吃到其他母羊的初乳，否则影响成活率。对不会吃乳的羔羊，要进行人工辅助哺乳，要求每天定时哺乳 3～4 次（白天 1～2 次，清晨和夜晚各 1 次）。初生羔羊生长发育较快，一般 2 周龄时体重就能达到初生重的 1 倍以上，在整个哺乳期的增重几乎相当于周岁时增重的 3/4，因此，除吃足初乳外，整个哺乳期必须满足供给质量合格的乳汁。

（二）合理组群羔羊

出生后 7 d 内，母仔应在一起单独管理，根据圈舍面积可 5 只母羊合为一小群；一般 7 d 之后，可 10 只母羊合为一群；3 周龄以后，可大群一起管理。分群的原则是羔羊日龄越小，羊群就越小；羔羊日龄越大，组群就越大；同时，还要考虑到羊舍大小、羔羊个体强弱等因素；在组群时，应将品种相同、日龄相似、体质大小相近的羔羊合群在一起。

（三）人工喂养

近年来，优良品种得到推广，产双羔、三羔的母羊逐渐增多，哺乳量需要增加，如果母羊乳汁分泌少，满足不了需要，就要对羔羊进行人工喂养。人工喂养一般选用牛（羊）奶或配方牛（羊）奶粉，但以选用新鲜奶为好。使用配方奶粉喂羊时，一般先用40℃左右的开水将奶粉溶化，然后再加入55℃左右的开水，初生羔羊每次添加200 g左右奶粉，加水5倍左右，奶水中还可适当加些鱼肝油、胡萝卜汁等。如果乳汁不足，也可补喂婴儿米粉、豆浆、小米汤等流体食物，并在饲喂时加入少量的食盐以及鱼肝油、蛋黄、胡萝卜汁等。如果为了节省成本，也可喂给代乳粉。代乳粉配方：面粉50%、乳糖24%、油脂20%、磷酸氢钙2%、食盐1%、特制饲料（哺乳料）3%。将上述成分按比例在热锅内炒制混匀，使用时按1∶5加入40℃左右的水调成糊状，然后加入3%的特制饲料，搅拌均匀即可饲喂。

（四）训练吃草料

一般从羔羊出生10日龄开始，可以适当进行吃草料训练，以刺激消化器官的发育，促进心肺功能健全。平时可在舍内安装补饲栏，让羔羊自由采食。开始少给勤添，待全部羔羊都会吃料后再改为定时、定量补料。一般羔羊出生后7~20 d内，母仔晚上应在一起饲养，白天羔羊留在舍内，母羊可在舍外附近放牧，中午回圈喂奶；羔羊20日龄后，可随母羊一起放牧；对缺奶羔羊和多胎羔羊，应找好保姆羊或进行人工哺乳；为确保双羔和弱羔都能吃足母奶，在羔羊出生30 d内，为便于母仔对奶，可在母仔体侧上编号。羔羊1月龄后，应逐渐转变为采食为主、哺乳为辅，除放牧采食外，还应补给一定量的草料；1~2月龄每天补精料150~200 g，分2次喂给；3~4月龄每天补精料200~250 g，分3次饲喂。要求饲料尽量多样化，最好有豆饼、玉米、麸皮等3种以上混合料以及优质干草、青饲料。

（五）早期断奶

早期断奶是指羔羊出生后8周龄左右断奶。根据以往习惯，中国不少地区养羊农户，羔羊要养到4月龄或4月龄以上才能断奶，不仅延长了母羊的繁殖周期，而且不利于母仔健康。如今，随着规模化、集约化养羊业的发展，为加快繁殖周期，提高出栏率，尽可能多生产供育肥用的羔羊，除注意选择多胎优良品种外，还应改变这一传统饲养方法。根据生理功能，羔羊瘤胃机能的发育可分为3个阶段，即出生至3周龄为无反刍阶段，3~8周龄为过渡阶段，从8周龄到成年为反刍阶段。因此，羔羊断奶安排在8周龄是比较合理的，因为此时羔羊的瘤胃已得到充分发育，已能采食和消化大量的牧草。实行羔羊早期断奶，还能促进母羊提前干奶，从而打破传统的季节产羔，使 1 年 2 产或 2 年 3 产成为可能，为全年均衡生产肥羔奠定基础。

二、育成羊的饲养

从断奶到配种前阶段的青年羊叫育成羊。这个阶段是绵羊（图 5-1）发育的关键时期，合理饲养对绵羊生长起着决定性的作用。因此，必须饲喂优质饲料和富含蛋白质、维生素和矿物质的饲料。例如可以将豆粕添加到浓缩物中以提供高质量的干草和鲜草。如果冬天缺草，则需要补充维生素 A、维生素 D 或鱼肝油，以促进幼畜的生长。怀孕的母羊一般行动迟缓，应该就近放牧，不要离得太远。由于夏季炎热，羊早出晚归，中午赶回羊舍。夏季天气炎热可以让羊早出晚归，中午赶回羊舍。秋季牧草好时应多放牧，每天要有 3~4 次的饮水时间。冬季和早春由于牧草枯黄为使羊群保持正常生长应进行补饲。

图 5-1　绵羊

坚持四定补饲的关键是“四定”：即：定人、定时、定温、定量。定人是指饲养员相对固定，实行专人喂养。因为固定的饲养员，比较熟悉羔羊的生活习性，能够依据羔羊的食欲及健康状况而调整饲料量和营养组成。定时是指每天固定时间饲喂，不要轻易变动。初生羔羊每天喂 6 次，隔 3~5 h 喂 1 次，夜间可延长时间或减少次数；2 周以后每天喂 4~5 次，到羔羊吃料时，可减少到 3~4 次。定温是指合理掌握温度。一般 1 月龄内的羔羊，冬季喂奶的温度以 35~40℃为好，夏季温度可适当降低；而随着日龄的增长，奶温还可以再低些，一般以把奶汁滴到手背感觉不烫即可。定量是指每次的喂量，以7成饱为宜，切忌过饱。具体喂量可按羔羊体重或体格大小来确定，一般全天给奶量相当于初生重的1/5为宜。喂流体食物时，应根据浓度进行定量，全天喂量应低于喂奶量标准，最初2~3 d先少量喂给，待羔羊适应后再逐渐加量。

加强运动，注意卫生培育，要随着日龄的增加逐渐提高运动量，这样既可增进育成羊的食欲，促进生长，还能提高肉用性能；同时，圈舍必须勤打扫，勤换垫草，经常通风换气，粪便日产日清不过夜，保持良好的卫生条件和适宜的温度，有利于生长发育，减少疾病的发生。

三、种母羊的饲养

应保持种母羊良好的营养水平以达到繁殖的目的，并更好地实现多胎、多产、多活、多壮的要求。由于营养水平对种母羊至关重要，在舍饲期要侧重怀孕后期和哺乳前期的营养，要特别注意配种前和怀孕前期母羊的饲养，这段时间要注意加强补饲，个别体况差的母羊应当给予短期优饲，便于母羊在较高的营养水平下促进排卵、发情整齐、产羔期集中、多羔顺产等，以利于管理。

空怀母羊所要做的，就是尽快恢复原有正常的体况。如果是春、夏之际，正值草木茂盛且营养丰富，此时要抓紧放牧使母羊快速恢复健康体魄，以达配种要求。如发现有少数母羊体况欠佳，有营养不良的问题，就应及时加强营养，力争其达到配种要求。需要强调的是，母羊在配种前一个月要加强营养，提升饲养水平，使母羊在短时间内达到要求，使母羊正常发情及多排卵。所以在这段时间里要延长放牧时间，选择优质牧场，且丰盛的水草可使母羊少运动多采食。放牧回来后要及时补盐和精饲料，从而达到母羊所需的营养水平。

四、妊娠后期的饲养

母羊妊娠期应该是以5个月计算，再分为妊娠前期3个月和妊娠后期2个月。故在饲养管理上将妊娠母羊分成妊娠前期和妊娠后期两个阶段。妊娠前期由于胎儿生长较为缓慢，故所需的营养并不十分多，所以只做少量的补饲料即可，其精饲料不要高于0.6 kg。高产母羊在适量补点精料的同时，还应适当补充一些 多汁饲料，这样会更加平衡。圈舍母羊则可适当地放牧以增加运动，增强母羊体质。

怀孕后期胎儿发育迅速，此需增加饮食中的蛋白质含量。如果条件允许，加入鱼肝油，促进胎儿发育，并且使用优质绿色干草。合理饮水对于羊群有特殊的作用，缺水往往比缺草料更难以忍受。一般饮水少采食就少，若饮水长期不足，便会导致唾液分泌减少，瘤胃蠕动缓慢，引起消化不良，身体消瘦，母羊泌乳量下降。供给充足的饮水，才能保证正常食欲，促进草料的消化吸收，确保血液循环与体温调节正常进行。那么，每天究竟应该饮多少水呢？羔羊的饮水量和饮水次数，应根据季节、气候、饲料和牧草的含水量来确定，一般每只羊每天需饮水 2~3 次，总量为 4~9 kg。夏季天气炎热时，可增加饮水次数；天气凉爽或牧草的水分含量较高时，可适当减少饮水量，每天 1 次或隔天 1 次；羊舍内要设置水槽和盐砖，让羊自由饮食。总之，确保要饮尽饮，要求水质清洁卫生，不饮死潭水，以避免寄生虫感染；对怀孕母羊尤要注意不饮过冷或冰冻水，以防造成流产。

妊娠后期由于胎儿生长加快，其营养就要同时满足双方的需求。在加强放牧的同时，每天都要补充精料，还要兼顾胡萝卜、食盐的供给。即每只羊每天的精料为 0.5~0.7 kg，青干草为 1.2~1.5 kg，青贮饲料为 1.2~1.5 kg。临产 1 周前，尽量不去较远的地方放牧，以防分娩时无法返回。要加强妊娠母羊的安全护卫措施，以防因拥挤、跌倒或惊吓出现意外，因而最好选择在比较平坦，没有障碍物的草场放牧。此时更不可饲喂变质、发霉、腐烂、冰冷的饲料和饮水，谨防母羊因此而导致流产羔羊主要靠母乳维持营养。母羊生产体质下降也需要补充大量营养物质，为了保证产奶必须喂给青绿多汁饲料和富含蛋白质的饲料，如饼粕类饲料等。

五、种公羊的饲养

种公羊数量少但是价值高。俗话说“公羊好，好一坡，母羊好，好一窝”。因此可见种公羊对后代的影响大，在饲养上要求比较精细，力求常年保持健康强壮的繁殖体况，才能在配种期性欲旺盛，精液品质良好，保证和提高种公羊的利用效果。

对种公羊的饲养一定要根据其特性做到细致周全，既不能过瘦，也不能过肥，尽量保持在平衡状态。基本要求是膘情中上等为好，体形健壮，活泼有力，性欲旺盛，精力充沛。需要强调的一点是，种公羊在一整年当中应始终保持非常好的健康状态，这样才能顺利完成必要的配种工作。所以，饲料品质的保证尤为关键。作为种公羊的饲料，营养价值必须要高，适口性还要好，且容易消化，饲料中要含有丰富的蛋白质、矿物质和维生素。精饲料有豆饼、玉米、麦麸、高粱、燕麦、大麦等。多汁饲料有胡萝卜、甜菜、薯类等。粗饲料有苜蓿干草，水稗子、青燕麦干草、三叶草各类青干草等。作为种公羊的饲养人员，最好专职，不宜频繁换人。种公羊的圈舍应远离母羊圈舍，放牧时也必须单独组群并远离母羊。种公羊的圈舍应修建得相对坚固，始终保持干燥清洁，还要定期进行消毒，并注意防止种公羊之间互殴。同时还要做定期检疫及注射疫苗，加强体内外寄生虫的防治。在日常管理中要随时注意观察种公羊的精神状态及食欲情况，一旦发现异常立即采取相应的措施。

（1）配种期种公羊的饲养。种公羊在配种前 30~50 d 内，日粮由原来的一般化逐步提高其标准。针对放牧的种公羊，除了采食牧草外，每天还要补饲一定数量的饲料。标准为精料每只羊每天 1 kg 左右，青干草 2 kg 左右，胡萝卜 0.8 kg 左右，食盐约 18 g。草料每天可分 2 次饲喂，饮水 4~5 次。此期种公羊的日粮比例为：禾本科干草占 1/3，精料占 1/2，多汁饲料占 1/4。如果是精液密度相对较低的公羊，可适当增加胡萝卜饲喂量，并适当增加运动量。

（2）非配种期种公羊的饲养。此期的饲养管理工作也不能忽视，虽然没有配种，但基础还是要筑牢的。阶段种公羊所需的能量还是不能减少的，如蛋白质、矿物质和维生素。在种公羊配种期过后，精饲料的饲喂量不能降低，只是适当延长一些放牧和运动的时间，可在 20 d 左右时间逐渐减少精饲料的饲喂，慢慢过渡到非配种时期的饲养标准。等完全达到非配种时期，每天的精饲料饲喂量以 0.7 g 为宜。在冬、春季节可适当增加一些优质干草和胡萝卜。

第二节　山羊不同生长期饲养管理

一、羔羊培育

羔羊需要在出生后 1~3 d 内吃到足够的初乳，以保证羔羊的健康。如果羔羊身体虚弱，或者初生的母羊不够强壮，无法哺育后代，就应使用代乳料。母羊和羔羊在单独的围栏内饲养一周后就可以放牧了。母羊在分娩后 7 d 内分泌的乳汁称为初乳。它是产后羔羊的唯一营养。初乳含有丰富蛋白质、脂肪和抗体等营养素，具有抗病和通便作用。羔羊及时吃上初乳，有利于增强体质，提高抗病能力，促进胎粪排泄。刚出生的羊羔需要尽快进食，多吃初乳，长得更壮，减少疾病，提高成活率。

1～45 日龄是羔羊身长增长最快的时期，45～75 日龄是羔羊体重增长最快的时期。尽管母羊乳汁营养丰富，但小羊仍需要及早喂养干草，以促进发育，增加营养来源。一般在羔羊出生后 10 d 将干草放在羊舍内，供其自由食用。从出生后第 20 d 开始应开始训练进食。将用沸水煮过的半湿料放入喂食槽中，诱导小羊进食。注意热料的温度不能太高，要和羊奶的温度保持一致。

新生 1 月龄羔羊每天采食开食料 50～75 g，1～2 月龄 100 g，2～3 月龄 200 g，3～4 月龄 250 g，蛋白饲料主要为豆粕、玉米和豌豆，不要饲喂棉籽粕。干草以苜蓿、青野草、花生秧、地瓜秧等为主。

45 d 后的羔羊逐渐以采食饲草料为主，哺乳为辅。羔羊能采食饲料后要求提供多样化饲料，注意个体发育情况随时进行调整，以促使羔羊正常发育。日粮中可消化蛋白质以 16%～30%为佳，可消化总养分以 74%为宜，并要求适当运动。随着日龄的增加，羔羊可跟随母羊外出放牧。

羔羊到 4 月龄时必须断奶，一方面为了恢复母羊体况，另一方面也锻炼羔羊独立生活。断奶的方法多采用一次断奶法，即将母仔断然分开不再合群。断乳后把母羊移走，羔羊仍留在原舍饲养，尽量给羔羊保持原来的环境。少数母羊乳多的注意挤掉一些以防引起乳房炎。断乳后按性别分群放牧每天补给混合料 200～250 g。

传统的山羊断奶时间为 3～4 个月，如采取提早训练采食和补饲的方法饲养羔羊可使羔羊在 1～1.5 月龄安全断奶。早期断奶除可促进羊发育、加快生长速度外，还可以缩短母羊的繁殖周期，达到一年两胎或两年三胎等多胎多产的目的。目前推行 30～45 日龄和 7 日龄断奶两种方式，具体做法如下。

（1）30～45 日龄断奶法。羔羊在 10～15 日龄时，应训练其采食嫩树叶或牧草以锻炼胃肠机能，20 日龄时可适当补饲精料，精料含蛋白质 20%，粗纤维不宜过高，并加入 1%的盐以及微量元素添加剂。每天补喂配合精料 20 g，并将精料炒香调成半干湿态放在食槽内单独或混些青草饲喂。30 日龄时拌料 40 g，40 日龄拌料 80 g。并注意饲料多搭配，少喂勤添。随着羔羊的生长和采食能力的提高，应逐渐减少哺乳次数或间断性采取母子分居的方法，这样一般 40 d 左右可完全断奶，比传统的 3 月龄断奶可提前一半时间。早期断奶的羔羊应单独关入一栏继续补料，以加强早期断奶羔羊的培育。

（2）羔羊 7 日龄断奶法。如美国等一些集约经营的养羊场，羔羊出生后及时哺喂初乳，羔羊脐带干后，让其跟随母羊在运动场内自由活动，吊挂嫩牧草训练采食，同时补喂人工代乳品。

羔羊出生后各个时期的生长发育不尽相同，绝对增重初期较小，而后逐渐增加（图5-2）。到一定年龄，增加到一定程度后又逐渐下降，直至停止生长，呈慢—快—慢—停的节奏。相对增重在幼龄时增加迅速，以后逐渐缓慢，直至停止生长，呈快—慢—弱—停的趋势。山羊生长至12月龄时增重速度显著减慢，18月龄时各项体尺增长趋于停滞，之后体重处于弱生长并开始沉积脂肪，以后随年龄增长体重趋向于停滞。所以商品肉羊于12~18月龄、体重30~40 kg时出栏最佳，此时出栏既符合羊只的生长规律又符合市场需求。出栏过早，山羊处于快速生长发育时期，屠宰率不高，肉质虽嫩但缺乏肉香味，此时屠宰不合算；出栏过迟，生长停滞转为沉积脂肪，肉质变粗，肉中膻味成分含量增加，降低肉品品质，且浪费资金、劳力、饲草，降低生产效益。

图5-2　羔羊

二、种公羊的饲养管理

对种公羊的要求是体质结实，保持中上等膘，性欲旺盛，精液品质好。而精液的数量和品质取决于饲料的全价性和合理的饲养管理。种公羊的饲养要求饲料营养价值高，有足量优质的蛋白质、维生素A、维生素D及无机盐等，且要求饲料易消化、适口性好。较理想的饲料中鲜干草类有柱花草、银合欢、木豆、苜蓿、花生秸等，精料有玉米、豆粕等，其他有象草、胡萝卜、南瓜、糠麸等。种公羊宜单圈饲养或拴养、单独运动和补饲，除配种外不要和母羊放在一起。配种季节一般每天采精 1~3 次，采精后要让其安静休息一会儿。定期进行检疫、预防接种和防治内、外寄生虫，并注意观察日常精神状态。

三、母羊的饲养管理

母羊在配种期开始前 2 周直到受胎，需在牧草生长旺盛、草质优良的牧地上放牧，否则应当补饲精料，以促进母羊正常发情，增加排卵数，提高受胎率和产羔数。妊娠前期一般不需补饲，如只靠放牧不能吃饱时可适当补喂干草。到母羊怀孕的最后两个月内，胎儿的生长加快，母羊本身也需要积蓄一部分养分以备哺乳期内泌乳的需要，因此要增加精料。孕羊的饲料要求无霜冻、无霉变、品种多样、营养丰富且容易消化。产后母羊最好喂些温水，水里加些食盐和撒些麦麸，使其恢复体力。

配种前对母羊抓膘复壮，为配种妊娠贮备营养。日粮配制方面，以维持正常的新陈代谢为基础，对断奶后较瘦弱的母羊，还要适当增加营养达到复膘。干粗饲料如玉米秆、花生秸等应任其自由采食，有条件的每天放牧 4 h 左右，每天每只母羊另补饲混合精料 0.15~0.4 kg。在妊娠的前 3 个月，由于胎儿发育较慢，营养需要与空怀期基本相同。在妊娠的后 2 个月，由于胎儿发育很快，胎儿体重的 80%都在这两个月内生长。因此这两个月应有充足、全价的营养。每天每只母羊补饲混合精料 0.6~0.8 kg。产前 10 d 左右还应多喂一些多汁饲料。怀孕母羊应加强管理，要防拥挤、防跳沟、防惊群、防滑倒，日常活动以“慢、稳”为主，不能吃霉变饲料和冰冻饲料，以防流产。产后 1~2 个月为哺乳期，在产后 2 个月，母乳是羔羊的重要营养物质，尤其是出生后 15~20 d 内几乎是唯一的营养物质，所以应保证母羊的全价饲养。到哺乳后期，由于羔羊采食饲料增加，可逐渐减少直至停止对母羊的补料。注意产后 1~3 d 内哺乳母羊不能饲喂过多精料。

第六章
其他反刍动物不同生长期饲养管理

第一节　鹿不同生长期饲养管理

图 6-1　鹿

西方国家的养鹿始于 20 世纪 70 年代末至 80 年代初，最初大多养殖肉用鹿，直到 90 年代初期由养殖肉用鹿转为养殖茸用为主、肉用为辅的鹿种（图 6-1）。而我国鹿的驯养历史在世界上最为悠久，20 世纪 50 年代开始大规模商业饲养，现在亦是世界三大养鹿大国之一，称得上是国际鹿产品市场的先行者。随着社会经济高速发展与人类膳食金字塔结构的不断调整，人们对食品安全与养生保健的需求也在持续上升。在畜牧业中，鹿的养殖不仅满足了人们肉用的需要，而且鹿产品在很大程度上可以起到保健的作用，少数鹿产品还有医疗作用。鹿产品已开发应用在医疗、保健、食品等多个领域，成为消费者青睐的产品。鹿是一种经济价值很高的草食动物，新中国成立以来，我国的养鹿业取得了巨大成就。然而，鹿的驯养与其他动物相比起步较晚，缺乏科学的饲养标准与饲养经验。因此，本节总结了鹿不同生长期的饲养管理方法，旨在为科学养殖提供依据。

一、仔鹿的饲养管理

（一）哺乳期仔鹿的饲养管理

仔鹿的初生期（新生期）是指其出生后 7~8 d 的时期。哺乳仔鹿一般指 3 月龄前（断乳前）的小鹿。初生仔鹿的生理机能不够健全，对外界有害环境的抵抗能力还不足，易受不良环境影响而发生疾病，严重的甚至会死亡。因此，人工护理极其重要。初生仔鹿管理的成功与否不仅关系着哺乳期仔鹿的成活率高低，还关系着是否能极大发挥成年鹿的繁殖性能及生产性能，直接影响了生产的经济效益以及鹿业发展。

由于胎水等的存在，仔鹿出生时身体被浸湿。正常情况下母鹿会将其舔干，若未能舔干，护理人员要及时擦干仔鹿。鹿舍内温度低时最好及时采取相应取暖措施，擦干仔鹿身上的水分，使仔鹿能早站立行走，仔鹿出生后 10~30 min 内即可站立，同时应保证让仔鹿尽快吃上初乳。若产后母鹿因病死亡或产后无乳或乳汁不足等，应及时对仔鹿进行人工哺乳，或用牛乳等直接喂给仔鹿。一般在仔鹿出生后 1~2 h 内吃到初乳为最好，最晚不超过 8~10 h。初乳的饲喂量应高于常乳，可喂到体重的 1/6，饲喂次数一般不少于 4 次。在人工哺乳的同时要用温湿布擦拭仔鹿的肛门周围或拨动鹿尾，促进排出胎粪，仔鹿不排粪便就会死亡。饲养员在进行人工哺乳时要耐心细致，与仔鹿亲近，建立感情，消除仔鹿恐惧感，同时哺乳器具也要在每次使用后进行消毒，尽量防止有害细菌进入仔鹿消化道，引起腹泻，影响仔鹿生长。也可以采用代养法，选分娩后 1~2 d 以内、性情温顺、母性强、泌乳量高的产仔母鹿作为保姆鹿。将欲代养的仔鹿送入保姆鹿的小圈内，如母鹿不扒不咬且前去嗅舔，即可认为能接受代养，然后要继续观察代养仔鹿是否可以吃到代养母鹿的乳汁。一般认为在喂过 2 或 3 次乳以后即代养成功。在喂过 3 或 4 次初乳以后，需要检查脐带，如未能自然断开，可实行人工断脐带，并进行严格消毒，妥善处理脐带，脐带处置不善将会引起脐带炎、胀肚等疾病。仔鹿生后 15~20 d 是哺乳仔鹿，在接受母鹿哺乳的同时，此期间的仔鹿要开始接受补饲。可在仔鹿保护栏内设置的补饲槽中提供一些青绿饲料和精饲料，其中精饲料可配成糊状，更易于进食。按照少食多餐的原则，逐步加大投喂量。

（二）离乳仔鹿的饲养管理

离乳仔鹿是指断乳后至当年年底的幼鹿，鹿场一般采用一次性离乳分群法，即离乳前通过逐渐增加补料量来逐渐减少母乳的哺喂次数，一次将仔鹿全部赶出，断乳分群。但对晚生、体弱的仔鹿，可适当推迟断乳分群时间。分群时应根据仔鹿的性别、年龄、体质强弱等情况，每30~40只组成一个离乳仔鹿群，将其饲养在远离母鹿的圈舍里。离乳初期仔鹿消化机能尚未完善，尤其是出生晚、哺乳期短的仔鹿还不能很快适应新的饲料。因此，此时期的日粮应由营养丰富、容易消化的饲料组成，特别要选择哺乳期内仔鹿习惯采食的多种精、粗饲料；此外，不要一次给过多饲料，饲料量应逐渐增加，防止一次采食饲料过量引起消化不良或消化道疾病；饲料加工调制要精细，将大豆或豆饼制成豆浆、豆沫粥或豆饼粥。还应根据仔鹿食量小、消化快、采食次数多的特点，初期每日饲喂4或5次精、粗饲料，夜间补饲1次粗料，以后逐渐过渡到成年鹿的饲喂次数和营养水平。4~5月龄的幼鹿便进入越冬季节，还应供给一部分青贮饲料和其他含维生素丰富的多汁饲料，同时应注意矿物质的供给，必要时可补喂维生素和矿物质添加剂。

（三）育成鹿的饲养管理

育成鹿仍处于生长发育阶段，也是从幼鹿向成年鹿的过渡阶段，此时期鹿只虽已具备独立采食和适应各种环境条件的能力，饲养管理也无特殊要求，但营养水平不能降低，这段时期饲养的好坏将决定日后的生产性能。因此，可根据幼鹿可塑性大、生长速度快等特点有计划地进行定向培育。

育成鹿转群初期处于冬季，鹿体弱小，抗寒能力差，故需采取防寒保暖措施，堵严圈墙上的通风孔，防止冷风和飞雪的侵袭。在棚舍内应铺以垫草，并且及时更换不舒适的垫草。严寒天气应增喂精、粗饲料，不仅利于鹿体御寒，也有利于增大鹿采食量，培育成“草腹型”高产鹿。加强运动是养鹿的一项经常性的管理措施，在增强鹿的体质，减少疾病发生和增加采食量等方面发挥重要作用。育成鹿白天至少要驱赶运动2~3 h，夜间（尤其在寒夜）最好再运动1次。要根据幼龄鹿可塑性大的特点，结合饲喂和运动，耐心地对育成鹿进行调教驯化，以降低其野性，方便饲养管理。转入育成群的幼鹿经3~4个月的培育后，公、母鹿生长发育的状况和对饲养管理条件的要求大不相同，故须适时分开单独饲养。育成母鹿何时进行初配，应视其年龄和发育状况确定。通常情况下，怀胎不影响母鹿的生长速度，而泌乳却会影响母鹿的生长速度。若育成母鹿尚未达到一定的体重即配种妊娠，待分娩后除泌乳消耗营养外，便没有足够的营养保障身体增重的需要，从而会导致其成年后体重过低。此外，要经常清扫圈舍，及时清除垃圾和粪便，保持环境清洁干燥。对圈舍和饮喂用具，要定期进行消毒。储存精、粗饲料的地方要注意灭鼠。春、秋季节，要用伊维菌素制剂等药物对鹿进行预防性驱虫，并且注射疫苗，以预防口蹄疫及魏氏梭菌病等主要疫病。

二、母鹿的饲养管理

饲养母鹿的主要目的是繁殖育种，生产优良仔鹿，以扩大鹿群和提高鹿群质量。母鹿的妊娠期为 8 个月，泌乳期为 2~3 个月，其生理负担相当重。对各种营养物质的需要随不同生产期机体的生理变化而有差异。为使母鹿有较高的繁殖力，必须注意母鹿的正常发情、排卵、受孕等影响因素。例如，卵巢发育不全、种公鹿品质不良、交配时间不合适等。但营养不良或缺乏也是其中一个因素，充分满足母鹿营养需要的饲养管理，可提高其受孕率。

母鹿的饲养阶段可分为发情期、妊娠期和泌乳期。母鹿在发情期的饲养管理与公鹿相同。妊娠期可分为前期和后期，前期应保证充足的营养，有利于胎儿的发育，后期要选择适口性好的精饲料供给。在泌乳期，为保证母鹿能分泌健康、优良的乳汁，投喂的饲料中应含有丰富的蛋白质、维生素及钙磷，饮水充足，同时每日进行笼舍的清洁与消毒。在进行清洁打扫前，饲养人员应观察鹿的身体、精神、粪便、尿液、食物残渣等情况，如有异常，应及时反映给相关人员进行处理后，再进行常规清扫操作。产仔的母鹿同样具有攻击性，饲养员应远离母子并面对着进行饲养操作。

（一）发情期的饲养管理

母鹿 2 岁以上性成熟，在 2.5~3 岁进行配种较好。一般每年 8—10 月是母鹿的发情期，发情时母鹿行为表现兴奋不已，眼角会流黏液，气味异常，阴部黏液增多，喜好接近公鹿。发情 16~36 h 会出现排卵现象，因此需要掌握母鹿发情最佳时机，适时选择配种。一般母鹿在 9 月上旬开始配种，11 月上旬结束。应在 8 月末以前就加强饲养，使母鹿进入配种期仍能保持中等肥度。这一时期须保证日粮中有全价可消化蛋白质和足够的矿物质以及发育所需要的维生素等营养成分。日粮组成应以容量较大的粗饲料与多汁饲料为主，精料为辅。不论舍饲还是放牧，日粮中都要给予一定量的根茎与瓜类多汁饲料。

配种期母鹿离乳后，到 9 月中旬时膘情需达到中等水平，这样才能保证其可正常发情、排卵。此期应供给一定量的蛋白质和丰富的维生素饲料。淘汰不育、老龄、后裔不良及有恶癖的母鹿，然后按其繁殖性能、年龄、膘情及避开亲缘关系组建育种核心群和普通生产群。配种母鹿群不宜大，梅花鹿每群 15~18 头、马鹿 11~12 头。配种期应设专人看管，发现母鹿发情，公鹿能力不足时，应立即将发情母鹿拨入公鹿可配种的舍内，并马上调换原舍的公鹿。为了避免近亲繁殖，一般采用单公群母、一配到底的配种方法，母鹿不能随意调换。同时必须确保种公鹿有较强的种用能力。另外母鹿在准备配种期不能喂得过肥，保持中等肥度的体况；注意观察母鹿发情情况，及时配种；加强配种期的管理，防止乱配或配次过多，也要防止漏配；配种后公母鹿及时分群；发现重复发情的母鹿应进行复配。

（二）妊娠期的饲养管理

为保证妊娠母鹿的营养需要，首先应满足蛋白质、维生素和矿物质的需求。妊娠初期应多给些青饲料、块根类饲料和质量良好的粗饲料；妊娠后期要求粗饲料适口性、质量好、体积小。每日饲喂 3 次，其中夜间 1 次。饲料应严防酸败和结冰，饮水应是温水。同时，妊娠期严防惊扰鹿群、过急驱赶鹿群。严禁舍内地面有积雪、结冰。

母鹿在妊娠后最初几个月食欲很好，在妊娠中期长得肥胖，妊娠后期胎儿生长发育迅速，需要大量的营养物质，使母鹿逐渐消瘦。此时母鹿要补充大量蛋白质和矿物质饲料。母鹿妊娠前期和中期，胎儿生长发育的速度较为缓慢，到后期则特别快。胎儿 80%以上的重量是在妊娠后期的 3 个月内增长的。尤其在产前 1～1.5 个月时，胎儿生长得更为迅速。随着胎儿体重的增加，母鹿所需要的营养物质也逐渐增多。母鹿体况的好坏与仔鹿品质的形成有很大关系，在很大程度上能决定生下仔鹿的大小。所以，妊娠期母鹿日粮应选体积小、质量好、适口性强的饲料。喂给多汁饲料和粗饲料时必须慎重，防止饲料容积过大而引起流产。母鹿妊娠期的粗料日粮中应给一些体积小，易消化的发酵饲料。

已配母鹿由于种种原因不一定都受孕，部分未孕母鹿可能再次出现发情。为了减少空怀率，必须经常照看已配母鹿，一旦发现返情母鹿，及时用种公鹿补配。有的鹿场将发情母鹿配种后拨入另一个圈内，重新组成已配母鹿群，并放入一只种公鹿，以便对返情母鹿及时补配。此法较省事，效果也较好，但应值班看配，否则后代谱系难以分清。

（三）泌乳期的饲养管理

产仔哺乳期。产仔哺乳的母鹿需要大量的蛋白质、脂肪、矿物质和维生素 A、维生素 D 等营养物质，保证仔鹿的良好发育，并为离乳后母鹿的正常发情做好准备。母鹿分娩后，应保证量足、质优的青饲料，后期投给带穗全株玉米更佳。精饲料最好喂食小米粥，或用豆浆拌精料饲喂，可提高母鹿的泌乳，进而促进仔鹿快速生长发育。要保持仔鹿圈的清洁卫生。产仔前，应将圈舍全面清扫后，彻底消毒 1 次，以后也应经常消毒。产仔期要设专人看圈，防止恶癖鹿舔肛、咬尾、趴打仔鹿。被遗弃的仔鹿要找保姆鹿或采取人工哺乳。要保持产仔圈的安静，谢绝参观。哺乳期要做好仔鹿的驯化工作，以利日后的管理。

三、公鹿的饲养管理

9—10 月是成年雄鹿的发情季节，常因争夺雌鹿而相互斗殴，对饲养人员也造成威胁。为避免及减少危险，可以在 6 月、7 月给雄鹿锯掉鹿角。但要注意的是，即使被锯掉鹿角，雄鹿依然会用头部、前蹄攻击对方，所以，饲养人员仍需谨慎小心。鉴于鹿的生理特性，饲养人员进出动物场地，应发出提示声，动作轻柔，不应粗鲁、更不应一惊一乍，否则，轻则导致动物拥挤或擦伤，重则导致动物应激死亡。公鹿生长阶段可以分为长茸前期、长茸期、发情期和恢复期。长茸前期以增加豆粕类饲料为主；长茸期以蛋白质饲料、多汁和青饲料为主，满足鹿茸生长的营养需要；发情期，公鹿的食欲会下降，这个时期以适口性好的块根类及多汁、幼青绿饲料为主；恢复期主要在冬、春季，公鹿经过发情期，体质较弱，需要恢复体力，饲料应以粗饲料为主，以精料为辅，使公鹿的身体状况较快恢复。

（一）长茸前期的饲养管理

公鹿进入茸期之前，为了防止一些异物划伤鹿茸，应将圈舍内的墙壁、门、柱脚等处的铁钉、铁线、木桩等予以清除。由于公鹿的年龄存在差异，所以，其生理特征、代谢水平、脱盘时间、鹿茸生长速度等都有所不同。管理人员需要从公鹿的年龄出发进行分群，使管理工作落实到位，并掌握日粮水平。

（二）长茸期的饲养管理

在南方，公鹿脱换角盘的时间主要为 3 月中旬，在北方脱盘长茸的时间为 4 月初。长茸盛期为 5—6 月，长茸后期、再生茸生长期主要为 7—8 月。由此可见，春夏季是公鹿生茸期的主要时间段。公鹿的角盘脱掉之后，会长出新的茸角，且在春季开始换毛，在这一阶段，公鹿有着旺盛的新陈代谢，为了使其生茸、脱毛的需要得以满足，须对其增加营养物质，尤其要注意维生素、蛋白质、无机盐的增加。

公鹿进入生茸期后，饲养管理人员应对其角盘脱落的时间、生长发育状况、鹿茸生长速度进行记录，需要将取茸工作做好，把握好取茸时期，过晚取茸，会影响茸的品质。对于个别新茸，未脱落角盘时可采用人工方式去掉角盘，防止给鹿茸生长带来不利影响。有的公鹿有啃咬恶癖，应对其进行单独管理。为了避免公鹿受到惊吓，对鹿茸带来损伤，在整个生茸期，应使其处于安静的环境中，外人不能进场参观。要对公鹿进行科学喂养，定期清扫圈舍，给公鹿生茸创造良好的环境。有条件的情况下，可以采取小群饲养的方式，每群20头为最佳。由于鹿的生茸期一般是在夏天，所以，应将遮阴棚设置在运动场，使舍内湿度得以改善，达到良好的通风效果，还要及时清除积水和余下的饲料。饲养管理人员还需做好卫生管理工作，经常打扫圈舍、饲喂用具和运动场，同时做好消毒工作，防止公鹿由于感染疾病而影响茸的质量。防止公鹿发生疾病，饲养管理人员应对鹿群进行密切观察，并对鹿的精神状况、采食情况、呼吸、走路、排泄等是否正常进行关注，如果发现存在异常现象，应立即采取有效措施进行处理，防止由于病情延误而导致生产上的损失。

（三）发情期的饲养管理

公鹿较母鹿发情早，北方地区在8月中旬就有开始发情的。公鹿的发情表现，首先表现在鹿茸生长发育停滞或骨化拧皮，继之性情变得粗暴，好争斗，食欲明显减退，体质消瘦，颈部明显变粗，喜欢玩水并发出求偶叫声。公鹿在极度兴奋时，性情凶暴，用蹄扒地或顶撞木桩和围墙等，并磨角吼叫，同时频频淋尿并抽动阴茎。性冲动最盛期，公鹿几近废食，日夜吼叫，其叫声可传出数千米。公鹿在整个配种季节的体质量下降15%～20%，性欲旺盛的壮龄公鹿的体力消耗更大。

收茸后把种鹿选出单独组群，加强饲养，以使种公鹿具备中等以上体况。配种期间，注意观察种公鹿的健康状况和配种能力，发现问题要及时更换公鹿。替换种公鹿时，种公鹿常会恋群、难拨，要用人慢慢驱赶，或采用推车往门外推等办法，不可鞭抽棍打，一切操作都要尽量保持安静。将配过种的种公鹿单独组群饲养，不能与未配种的公鹿混群。同时要精心饲养，促进其膘情的恢复，以利越冬。对生产群公鹿加强看管，适当控制顶撞和爬跨现象，防止激烈顶撞、爬跨、穿肛或暴欲等现象，若出现此等现象，要及时做抢救性处理。为减少争斗和伤亡，可在配种期到来前适当减少精料，必要时可停喂一段时间精料，使其膘情下降，从而降低性欲，继而争斗和爬跨等现象也会相应减少。应将圈内水槽盖上，采取定时饮水措施。配种期公鹿因顶架、争斗或交配，引起血液循环加快，呼吸急迫，不宜使其马上饮水，否则易引起伤亡或丧失配种能力。非配种公鹿和后备种公鹿，应养在远离母鹿群的上风向圈舍内，防止受异性气味刺激引起性冲动而影响食欲或引起殴斗。凡从母鹿圈拨出的公鹿再回大群，一般大圈公鹿会群起而攻之，争斗力差又胆小的公鹿更无处容身。所以若有条件的鹿场都要利用小圈单独恢复，每日配完后就到小圈休息，待配种结束后一次归群，并设专人看管到安定为止。若无小圈，需回大群时，每次回去都要特别看管，只要有一只鹿不安稳，人就不离圈。公母鹿合群配种时，要有专人看管，同时做好发情配种记录。有的母鹿对公鹿有择偶性，有的公鹿放入母鹿圈后，遭到母鹿攻击，如啃、咬、扒和围攻等，常被撵到圈舍一角，这些现象多发生在母鹿年龄较大，而参配公鹿年龄较小、体质不好或性欲不佳等情况下，这时应及时替换种公鹿。此外，还要经常检修圈舍，防止伤鹿和跑鹿。设专人昼夜值班，经常哄赶鹿群，使发情母鹿及时交配，并且随时记录配种情况。

第二节　骆驼不同生长期饲养管理

在草食家畜中，饲养骆驼较为经济。骆驼可在其他家畜不能放牧的戈壁沙漠上生息、繁衍，故素有“沙漠之舟”与“旱地之龙”之称（图 6-2）。骆驼既能提供生活资料，又是边陲或沙漠地区农牧业不可缺少的交通运输工具。骆驼主要分布在特定的荒漠区域，在饲养管理时，要综合考虑生态、经济和社会等因素，加强饲养方式的多样化协调配合，合理运用精、粗饲料，保障水分充足，补充必要盐分，做好特殊群体骆驼的重点管理工作，促进现代骆驼产业健康发展。随着我国畜牧业发展，舍养的方式能够通过采取规模化的养殖方式提高养殖效率，逐步成为当前养殖户的第一选择。在选择圈舍时，应该在舍内设置避阳处，在多风的地区通常设置圆形的养殖场，在少风的地区通常使用坐北朝南的建设结构。最好要将驼羔和母骆驼分开饲养，方便饲养人员照顾。此外，圈舍卫生情况要保持干净，定期为圈舍消毒和杀菌，保持圈舍内通风流畅。还需做好相应的防疫工作，掌握必备的防疫方式，药物使用及剂量，要严格按照骆驼体重及疾病类型用药，不能仅凭经验为骆驼注射药物。骆驼圈舍饲养时通常需要注意骆驼的喂养量，需要根据骆驼的体重和年龄选择合适的粗饲料和精饲料，粗饲料主要选择糠、玉米秆、麦秆、干草等，精饲料是指谷类物质以及胡萝卜和马铃薯等物质，同时还需要添加盐分和矿物质。

图 6-2　骆驼

一、驼羔的饲养管理

母驼两年产一次驼羔，一般在 2—3 月底分娩。为了提高驼羔成活率，分娩前后都需要精心管理，一般怀孕母驼在产前 2 个月开始圈养，分娩前后应有专人照料。驼羔出生后用清洁干布将口腔、耳鼻和眼部的黏液擦净，撕去体外的套膜，擦干被毛，消毒脐带，用毡片包裹胸腹，并将驼羔放在铺有干粪末的地上。在夜晚或恶劣天气等较寒冷情况下，可将驼羔放入暖棚中。初产母驼若母性不强，可强行保定后肢，人工辅助驼羔进行哺乳，待习惯 3~5 d 后即可恢复正常。驼羔 40 日龄后开始逐渐吃草。草料应适口性好，可供驼羔自由采食；并补喂全价精料，补饲量应逐步增加。2 周岁以下驼羔应每天给予 1~2 kg 混合精料、20 g 左右食盐。应根据驼羔的生长发育确定断奶时间，一般在翌年 4—5 月，即驼羔 13~14 月龄时进行。对驼羔实施断奶后，公母分群饲养。不留做种用的公驼要及时去势，在 4~7 岁都可去势，以 5 岁最佳。过早去势会由于缺少雄性激素的刺激而影响骨骼发育；超过 5 岁去势会因精索变粗和止血困难等因素而不利于手术操作。去势时间应选择在 11 月至翌年 3 月无蝇蚊的晴朗天气。骆驼去势方法有多种，在止血方面最为可靠的是非开放式和开放式结扎去势法，非开放式适用于青年驼，开放式适用于老龄驼。

二、母骆驼的饲养管理

妊娠后期加强母驼营养，选用优质粗饲料，增加蛋白质饲料喂量，同时保证胎儿发育和母驼营养需要。妊娠末期应适当调整母驼日粮，饲料种类要多样化，补充青绿多汁饲料，减少玉米等能量饲料，且不饮冰冻水、每天适当运动。

产房应无贼风，光线充足，提前备好碘酒、药棉等消毒药品。产房在母驼分娩前要清扫、消毒，保持温暖、干燥、卫生。母驼分娩后，喂给温麸皮红糖水或小米粥，对母驼外阴部位消毒。驼羔出生后要及时清除驼羔鼻内黏液、然后断脐、消毒。饲喂饲料时应先粗后精、少添勤喂、适时饮水、长草短喂、杜绝突然变换草料。哺乳前期（4 个月）母驼日喂精料 1~2 kg；补饲粗饲料或青绿多汁饲料 16~22 kg，以促进泌乳、满足驼羔生长发育的需要。哺乳中后期（5~12 个月），母驼日喂精料 2~3 kg，以保持哺乳母驼饲料中充足的蛋白质、维生素和矿物质营养；同时补饲青贮 18~20 kg，麦草 3 kg；每 3 d 在户外放牧 1 d。初产母驼若拒哺驼羔，可人工辅助驼羔进行哺乳。产驼羔后 3~4 周剪去母驼嗉毛、鬃毛和肘毛。带羔母驼的被毛脱落较晚，收毛时应先收四肢、腹下、颈部和体侧毛，背毛待到小暑后收取。经过调教，驯服的骆驼可采用吸奶器挤奶。挤奶前让驼羔在旁边吮吸母乳，然后隔离驼羔，接上挤奶器吸乳，不能空挤。骆驼鲜奶保存可参照生鲜牛乳的保存标准。

三、公骆驼的饲养管理

为保证种公驼配种的营养需要，从 11 月中旬开始补料。从 12 月中旬起，补充一定数量的胡萝卜、麦芽等富含维生素的多汁饲料，以增强种公驼的体质，提高精液品质。牧区的种公驼可根据体况和当地草质适当补饲，每天每头种公驼补充优良干草 3~4 kg、混合精料 1~3 kg、酸奶 1 000~2 000 mL。舍饲配种期种公驼日粮：每 100 kg 体重饲喂优质干草 0.8~1.2 kg、多汁饲料 1.0~1.5 kg、混合精料 0.5~1.0 kg；还要适量补充食盐、钙、磷等。在产奶母驼群中，每年 12 月中旬可按（1：25）~（1：30）比例放入 1 头种公驼或再放入 1 头后备青年公驼，以保证配种需要。配种期要防止公驼伤人。4 月中旬配种结束后，剪去嗉毛、鬃毛和肘毛，取下笼头编入骟驼群，进行收毛和夏秋季的放牧管理。

第七章
反刍动物营养调控与环境互作

第一节　环境的温湿度

近年来，气候变化已成为农业与畜牧业生产的重大全球性问题，根据IPCC（International Panel on Climate Change）的气候评估报告，预计从1990年到2100年，地球各地表面温度的升高范围在1.4~5.8℃。全球变暖加剧了热应激对反刍动物的不利影响，这也成为威胁反刍动物健康及生产性能的重要因素。热应激是指动物处于高温高湿环境中，机体产生的热负荷超过自身散热能力。当机体处于热应激时主要表现为呼吸加快、体温升高、食欲降低、采食量下降、营养物质消化吸收能力减弱、机体内分泌紊乱、生产性能降低等。温湿度指数（Temperature-humidity index，THI）是综合环境温度和湿度来评价家畜热应激程度的有效指标。奶牛上的大量研究表明，以泌乳量变化为依据时，热应激发生的临界THI阈值多在64~72，且与生产水平有关。低产奶牛多在72以上产生热应激，而高产奶牛产生热应激的THI阈值则多在68以上，冷热应激是制约动物生产的重要因素，一方面当家畜处于冷应激时，增加产热，采食量增加。当家畜处于热应激时，增加散热，采食量降低。另一方面冷热应激通过影响采食量进而影响反刍动物瘤胃发酵能力以及机体的合成代谢。因此，合理调控温热环境对反刍动物维持正常生产性能和保持良好的健康状态具有重要意义。

一、环境温湿度对反刍动物生理及生产性能的影响

环境中的温湿度会对反刍动物的呼吸频率、直肠温度、采食量、营养消化率、生产性能等造成影响。呼吸频率、直肠温度是衡量反刍动物体况，评判机体是否受到冷热应激的一个较为精确的指标。研究表明，夏季反刍动物的呼吸频率和直肠温度均显著高于冬季。THI的升高会影响绵羊的呼吸频

率，夏季绵羊的呼吸频率超过冬季，而冬季受冷应激的影响，呼吸频率也随之下降。THI 主要通过影响反刍动物的采食量影响其生产性能，依据调查结果显示，当 THI 超过 70 时，奶牛 DMI 和产奶量均开始降低，当 THI 升高至 80 时，奶牛 DMI 和产奶量均明显下降，降幅分别为 20.0%和 23.0%。这是由于反刍动物的生理状况与单胃动物相差较大，对温度较为敏感，更容易受到高温高湿环境的影响。采食量的降低还可以影响瘤胃发酵功能，导致反刍动物对蛋白质及饲料中其他各类营养素的利用率降低。生产实践表明，母体营养摄入不足会导致新生仔畜初生重降低、发育迟缓以及免疫力低下。THI 还会影响乳品质，夏季高温高湿环境，奶牛出现热应激时，牛乳中的乳糖、乳蛋白、乳脂及固形物含量均会随着温度的升高而降低。

二、温湿度对反刍动物行为学的影响

环境对家畜所产生的影响可以通过家畜行为的变化得以体现。这些家畜行为主要包括：本能行为、摄食行为、探究行为、学习行为、护体行为、领地行为、母性行为以及刻板行为等。动物的行为学指标一般是通过直接观察获得，相对于生理、病理等指标而言更为直观，具有便于监测的特点，饲养员可以通过观察反刍动物的行为，及时发现异常，改变饲养模式，科学饲喂，提高动物福利。休息和反刍是反刍动物最重要的两个活动，通过观察这两种行为的变化可以判断反刍动物是否收到冷热应激的影响。对于奶牛这类大型反刍动物而言，由于其具有代谢旺盛、生产水平高、耐寒怕热等特点，因此对热应激做出的行为反应较为明显。热应激对反刍动物行为的影响包括饮水量增加、粪便和尿量流失减少、反刍时间降低。在处于正常状态时，奶牛每日反刍时间可长达 8 h，当环境温度升高到 27℃及以上时，荷斯坦奶牛的反刍时间开始减少，当处于热应激时，反刍时间减少可达 35%。反刍时间降低会导致瘤胃收缩频率降低，降低胃肠道蠕动，从而影响反刍动物的食欲，降低采食量。除此之外，热应激对反刍动物的其他行为也有明显的影响。对奶牛的研究表明，在夏季高温高湿环境下奶牛站立/游走时间明显增长，一方面会增加散热面积，另一方面奶牛会主动寻求阴凉舒适场所来抵御热应激的影响。家养绵羊在所处环境温度升高时，躺卧时间明显增加，还会用唾液或鼻腔分泌物打湿自身并通过减少饮食、伸展体躯以达到维持散热，降低体温的目的。通过进一步了解温湿度指数对反刍动物行为的影响，有助于及时发现饲养管理中的不足，最大程度提高养殖经济效益。

三、温湿度对反刍动物血清生化指标的影响

温湿度会对反刍动物的血常规、抗氧化性能、应激激素、免疫功能等产生影响。动物体新陈代谢引起血液生化指标的改变，因此血液生化指标的变化能反映出动物的生理状况及新陈代谢情况等。血液由血细胞和液态物质构成。血常规测定是对血液中的血细胞进行检测，通常包含红细胞、白细胞、血红蛋白、血小板等，机体的营养物质经由全血循环运送至所需部位。外界环境温度发生变化时，血液组成发生改变，内环境稳态被破坏。在不同季节温湿度指数对断奶羔羊血常规影响试验中，发现相较于春秋适宜期试验羊，冬夏季冷热应激试验羊的血红蛋白浓度显著升高，红细胞体积显著降低，其中夏季试验羊血清平均血小板体积显著低于其他三季。当处于正常情况时，动物自身存在的氧化和抗氧化调节体系，可以维持机体内自由基相对稳定。当机体产生氧化应激时，体内的氧化和抗氧化系统失衡，会产生过多的活性氧和活性氮，造成机体的蛋白质和核酸等生物大分子化合物产生破坏。在夏季高温潮湿的自然环境下，奶牛处于热应激状态时，会因交感—肾上腺系统活力增强，机体代谢稳态遭到破坏，产生过多的氧自由基，同时抗氧化酶活力降低，从而造成自由基大量堆积使得奶牛发生脂质过氧化反应。研究表明，当 THI>72 时，奶牛处于慢性热应激时，机体抗氧化性能降低，血清超氧化物歧化酶（Superoxide dismutase，SOD）是用于衡量家畜体内细胞清理自由基水平的血清生化指标，谷胱甘肽过氧化物酶（Glutathione peroxidase，GSH-Px）和过氧化物接触反应，减少氧中毒。丙二醛（Malondialdehyde，MDA）能反映家畜机体脂质的过氧化水平，从而间接地了解细胞受损情况。这四种酶是评定动物是否处于氧化应激的重要指标。夏季奶牛 SOD 和 GSH-Px 活力显著下降，MDA 水平极显著增加。羊在热应激刺激下，SOD 含量显著提高。应激状态直接影响着动物的生产和新陈代谢等活动，激活了体内三大神经系统即交感—肾上腺髓质轴、下丘脑—垂体—肾上腺皮质轴和下丘脑—垂体—甲状腺轴，进而产生一系列的应激激素，主要是皮质醇、肾上腺素、促肾上腺皮质激素、甲状腺素和胰高血糖素等，以促使机体迅速地适应外界环境的改变。环境温湿度属于应激源的一种，能激活动物体内神经内分泌轴，改变体内激素合成及分泌状况。下丘脑—垂体—肾上腺轴的激活和随后血液皮质醇浓度的上升是动物对应激的主要反应。皮质醇的产生会影响生理调节以使动物可以承受热环境所带来的应激。同时为减少机体代谢热的生成以适应热环境，甲状腺激素的分泌会受到明显抑制。环境温湿度与反刍动

物的免疫机能存在紧密联系，免疫对家畜抵抗病原影响，避免微生物感染具有重要作用。热应激促进糖皮质激素的分泌，从而抑制淋巴细胞增殖，从而引起细胞免疫和体液免疫功能降低。

环境温度与湿度的变化不仅影响反刍动物的健康状况和生产性能，而且影响反刍动物的行为及福利，从而影响养殖经济效益。THI 是最常用也是应用最广泛的温热环境评估指数，尤其在动物热应激评估方面。通过观测反刍动物的呼吸频率、直肠温度、动物行为学变化并结合生化指标和免疫指标测定，可以对反刍动物冷热应激进行判断。

第二节　环境的气体污染

我国环境污染问题众多，其中最为重要的就是大气污染。在解决大气污染的过程中，需要投入大量的人力、物力和财力，但最终的解决成效却不甚理想。大气污染对我国环境造成了极为严重的影响，如果不对其进行科学合理的综合治理将会严重影响我国的快速发展。

一、反刍动物养殖中的气体污染

由于近年来全球气候变暖问题的加剧，这一问题也受到人们越来越多的关注与重视。经调查表明，由于人口数量增长和人类生产活动加剧而排放出大量的温室气体，是导致全球气候变化的主要因素。这些温室气体主要包括来自于工农业生产而释放的二氧化碳（CO_2）、甲烷（CH_4）、氧化亚氮（N_2O）及氨气（NH_3）等。它们的排放量也逐年攀升。其中，人类农业生产所释放的甲烷占总人为甲烷排放量的 47%～56%，在整个农业生产系统中，温室气体最大的来源便是动物胃肠道产生的甲烷气体。在全球范围内，反刍家畜每年产生约 80 Tg 的甲烷，约占人类相关活动排放量的 28%，这是由反刍动物独特的生物构造和消化方式决定的。反刍动物瘤胃中寄生着丰富的微生物，可以分解饲料中的结构性和非结构性碳水化合物，在细菌消化酶的作用下产生乙酸、丙酸、丁酸等短链脂肪酸以及二氧化碳、甲烷和氢气等温室气体。在过去的 20 年里，随着反刍动物产品的全球消费量急剧上升，预计到 2050 年，全球肉类和牛奶产量将增加一倍，全球一半的反刍动物肉类需要和 2/3 的全球牛奶需求将来自发展中国家，特别是中国和印度，这也提示我国未来在减碳减排上会面临更大的挑战。除排放温室气体污染外，反刍动物养殖中的另一部分气体污染主要来自排泄物产生的恶臭气体。在厌氧条件下，动物的粪便会产生大量氨气、硫化氢等具有恶臭气味的有毒气体，同时粪便分解还会产生酚类、吲哚类和有机酸类物质，这些废气会损伤人和动物的呼吸道，并刺激黏膜，引起人畜的不适，威胁人畜健康，严重时甚至危及生命。

二、反刍动物气体污染的防治措施

通过建场时的科学规划、合理布局和生产中的科学管理可以有效防治废气污染，但是最根本的还是要通过提高反刍动物的营养成分利用率来减少污染物的排放，也就是常说的营养调控措施，包括平衡日粮以及应用相关添加剂。反刍动物产生的温室气体对温室效应的影响越来越受到关注，在此方面的研究较多。反刍动物的甲烷排放量主要受饲料类型、采食量、环境温度与食糜外流速度等的影响。瘤胃中粗纤维素分解菌通过乙酸发酵，生成了大量的氢，甲烷菌活动旺盛，使得甲烷产量增高；适当提高饲料中精料的比例，导致瘤胃 pH 值降低，同时瘤胃内丙酸含量增加，抑制了甲烷菌的生长，降低甲烷气体产生。通过调整饲粮精粗比，将饲料适当粉碎或者制粒，可以改变反刍动物瘤胃发酵模式，进而降低瘤胃发酵产物乙酸和丙酸的比例，加快饲料过瘤胃速度，减少发酵时间，从而使得甲烷排放量降低。增加日粮中动植物油脂和高级脂肪酸的添加比例可抑制甲烷的产生，提高日粮能量水平，改善反刍动物泌乳效率和生产性能。通过添加饲料添加剂可以调节瘤胃微生物区系，从而影响瘤胃发酵，降低甲烷的产生。例如莫能菌素可以通过减少反刍动物甲烷能量损失和饲料蛋白降解率，来提高饲料营养物质利用效率。反刍动物日粮中添加硫酸锌驱除原虫，可显著降低甲烷产量，但纤维素的消化率也随之降低。动物粪便会产生大量污染环境的气体，因此要做好反刍动物的粪便处理工作。通过使用添加剂可以降低堆肥过程中恶臭气体的产生，例如添加膨松剂可以增加堆体空隙，增加气体流通，减少腐败菌的厌氧发酵。还有学者开发出针对于硫化氢的除臭剂，对去除硫化氢气体具有较好的效果。通过规范养殖场管理布局，完善饲养措施也能起到减少废气污染物的效果，建立与饲养量相适应的药浴以及洗涤消毒池，并实行规范化洗消管理制度，及时清扫粪便，定期对畜舍进行消杀工作。在养殖场布置时，将粪污处理区域设置在畜牧场内的地势较高点，位于下风向，避免病原微生物危害家畜健康，从而提升养殖效益。

第三节　环境的固体废物污染

一、反刍动物固体废弃物污染

固体废弃物虽然并非环境介质，但通常以多种污染成分存在的终态而长期存在于自然环境中。在特定条件下，固体废物会发生物理、化学的或生物的转化，对周围环境产生相应的影响。一旦管理、处置不当，污染物将会经由水、空气、土壤、食物链等途径污染环境，严重影响人类身体健康。而反刍动物生产中大部分的废水来源是动物粪便和污水，对土地、水源等的污染也大多来源于此，同时还会引发蚊蝇的滋生以及疫病传播等问题。

畜禽粪便中的有机质含量比生活污水中的浓度高 50~250 倍。反刍动物养殖污水和固体粪污被雨水冲洗后流入天然水域中，使水中固体悬浮物、有机质、氮磷和细菌的浓度显著增加。调查研究显示畜禽粪便中总磷、总氮等污染物占全黄浦江流域污染物总和的 36%以上。畜禽粪便不当堆放或将粪便施入耕地后，粪便中的有机质就会随着粪水、降雨等经过地表径流的方式污染河流、湖泊、水库等地表水，甚至渗入土壤并进入地下水。科学研究结果证实，地下水遭到污染后，在自然条件下要经历 300 年左右才能够完全修复。而且家畜粪便中还存在着大量来自消化道的病原微生物和寄生虫卵，当这种病原微生物和寄生虫卵大量流入水体后，就会导致水域中致病菌和寄生虫的大量生长，从而加重水体污染。动物粪便可为植物提供其生长所需的所有主要营养素（氮、磷、钾、钙、镁、硫）以及微量营养素（微量元素），因此可以作为混合肥料，其对农作物的肥效可以与矿物肥料相比较，并以效应系数表示。环境中的病原微生物无法百分之百降解粪便中的氯等有机成分，因而提高了土壤污染的潜在危险性。长时间或超标使用的微量元素添加剂会造成重金属和有毒化合物增多，不但会抑制作物的正常生长，还会通过富集作用造成更大的环境危害。大量尚未无害化处理的粪污直接施入土壤，超出了土壤的自净能力，出现不完全降解和厌氧腐解，并生成恶臭物质和亚硝酸盐等有害物质，引起土壤板结、地力退化等一系列土壤结构性变化问题，破坏其原有的基本功能，大大降低了土壤质量。富含大量营养物质和各种微量元素的粪污直接施用，不仅没有增肥作用，还会导致作物倒伏、晚熟或不熟，甚至毒害作物，引起幼苗的大面积死亡，影响作物产量，最终造成农民经济损失。另外，通过施肥，种植作物会吸收这些有机成分，在食物链循环中，这些有机成分会聚集于某种动物体中，人类采食后会对身体健康造成威胁。此外，粪污中含有大量的病原微生物将通过水体或水生动物进行扩散传播，严重威胁人畜健康。

二、反刍动物固体废弃物污染防治措施

如何通过调控饲料营养提高反刍动物对氮磷以及其他营养素的利用率，减少粪污废水中微量元素的含量，以及做好废水无害化处理，堆肥发酵，让这些废弃物得到充分利用，从而不再污染环境，是反刍动物养殖中非常迫切的命题。对此我国于2016年11月1日发布了《畜禽粪污处理场建设标准》，其中规定畜禽粪污处理场的建设，应当遵循“减量化、无害化、资源化、生态化”的设计原则，开展工程建设。并提出了“能源生态型”处理利用工艺、“能源环保型”处理利用工艺以及堆肥处理利用工艺参考规范。

通过合理规划布局来防治污染，一方面可以确定优势畜禽产业，产生规模盈益，另一方面可以方便畜禽养殖污染治理，减轻规模化养殖快速发展带来的环境压力。积极推行标准化清洁生产方式，引导企业科学合理地生产配方饲料，开发新的饲料产品技术，按限量标准规范使用饲料添加剂，减量使用抗菌药物，以提升畜禽生产效率，降低污染物排放量，实现生产过程清洁化，废物再生资源化。根据养殖规模及种植业产业结构特点，因地制宜地建设规模化沼气处理工程，试点建设生物天然气工程，开发沼气综合利用方式，持续增加沼气附加值，实现养殖户利益环保统筹兼顾。鼓励中小养殖户通过与种植大户建立种养合作关系，解决粪污无处利用的问题。加大环境监察和执法工作力度，对未依法开展环境影响评价、污染治理工作不完善、超标排放的养殖场，依法严肃查处并公开，责令限期整改，逾期整改不到位的，依法责令停止养殖活动，并通报金融等部门，列入黑名单。

第八章
反刍动物福利的推行与实施

第一节　动物福利与反刍动物健康

动物福利是指饲养中的动物与其环境协调一致的精神和生理完全健康的状态。一般认为，动物福利是保护动物康乐的外部条件，即由人所给予动物的、满足其康乐的条件。国际上，动物福利的观念经过发展，已经被普遍理解为让动物享有免受饥渴，生活舒适，免受痛苦、伤害和疾病，生活无恐惧感和悲伤感以及自由表达天性等五项自由。可以概述为五个方面的福利，即生理福利、环境福利、卫生福利、行为福利和心理福利等。

一、反刍动物生理福利

生理福利是指要保证动物没有饥渴的忧虑。反刍动物的主要生理特征是反刍，粗饲料中含量丰富的纤维素是反刍动物重要的营养素和营养来源。在正常状态下，影响反刍动物干物质采食量的因素除动物自身品种、年龄、生产技术水平外，主要还包括饲料的适口性、精粗比、蛋白质和能量水平等。通过合理的营养调控，依照动物所处不同生长阶段的营养需要量提供标准营养日粮对维持反刍动物健康具有一定的保障作用。通常认为在夏季热应激影响下，动物采食量减少，饲料利用率下降，很多研究基于此展开。例如通过添加中草药提取物、茶叶提取物等。另外热应激容易引起体液内电解质的大量流失，故此时宜利用日粮或饮水添加氯化钾、碳酸氢钠或碳酸氢钾缓解应激，以增加采食量。水是影响反刍动物采食的重要因素，正常环境状态下，反刍动物干物质采食量越多，饮水也要相应增加。缺水也可引起食欲下降或废绝。充足清洁的饮水是维持高采食量的前提条件。在夏季降低饮水温度也有助于提高采食量。依照不同反刍动物的习性，在饲养管理上应采取不同的措施。例如，牛的采食速度一般较快，对饲料的选择性也较差。在采食到过大、过圆或混入尖锐杂物时，很容易引起食管堵塞或发生创伤性网胃炎和创伤性心包炎。在放牧或舍饲时应注意避免牛只接触到这些异物。

二、反刍动物环境福利

动物环境福利指的是提供适当的环境，包括庇护处和安逸的栖息场所，使动物免受不适。畜舍环境直接影响养殖效益，家畜生产力的30%~40%取决于养殖场的设施与条件。反刍动物环境福利的影响因素包括畜舍内温湿度、有害气体浓度、微生物、光照及噪声等。在选择场址时应避开大型化工厂等污染源，保障家畜饮食饮水不受污染。同时避免距离交通主干道、飞机场过近，例如噪声过高可能会引起奶牛产奶量下降、引发流产和早产。在建场时应依照畜牧场规划设计标准，采用合理的通风和采光设计，因地制宜、因物种制宜。光照周期长对绒山羊产绒有刺激作用，而奶牛则喜欢聚集在避光阴凉处。反刍动物多具有耐寒怕热的特点，因此在夏季畜舍应注意控制温湿度以防止热应激的发生，如通过风扇和湿帘降温等。定期对畜舍进行清扫、消毒，防止空气中和垫料中的粉尘和微生物对动物的健康造成不利影响。规范养殖场环境管理对反刍动物生产水平的提高和保护反刍动物福利具有重要意义。

三、反刍动物卫生福利

动物的卫生福利指做好疾病预防，并及时诊治患病动物，使它们免受病痛和伤害。健康的动物是养出来的。在生产中，奶牛易患乳腺炎、肢蹄病、子宫内膜炎等疾病，羊易患寄生虫病。而卫生环境差会加重这些病症，在饲养管理中应参考疫病管理条例，维持畜舍卫生。在反刍动物养殖过程中，饲粮配比不合理或饲养管理方式不当，导致动物易患胃肠道疾病，如瘤胃酸中毒、瘤胃臌气等。疾病的产生会降低动物采食量，进而导致生产效率低下。因此在动物饲养的过程中，应当全面贯彻善待动物、“养”重于“防”，“防”重于“治”的经营宗旨，完善卫生管理与疫病防控非常重要。一方面可以提高动物自身免疫力，减少动物患病率，为经营者节省了成本；另一方面，为消费者购买到绿色、安全畜产品提供了保障。

四、反刍动物行为福利

动物的行为福利是指动物享有表达其正常行为的自由。动物委员会表示动物的行为福利是指动物尽可能地表达天性，不受人为环境造成的恐惧、悲伤、痛苦甚至死亡的威胁。动物行为福利与不同反刍动物的行为学特性相关，反刍动物在放牧时由于经常能够采食到各种不同类型的植被，因此放牧对它们的健康和福利而言可能更为有益。反刍动物多具群居性，大多行为模式都能够经由后天学习获得，例如将出生犊牛隔离2~3个月，会发觉它们将很难与其他犊牛相处。而成年牛的食物、饮水或躺卧位置等资源受到限制时，可能会激发牛只间的打斗行为。这都体现了反刍动物的行为福利在养殖中的重要性。同时也就要求在整个牧场建设之初及后期生产活动过程中，做到善待动物，尊重动物的自然天性，尽可能保障行为福利，以此提高反刍动物的健康水平、畜产品的产量和品质。

五、反刍动物心理福利

动物的心理福利是指确保提供的条件和处置方式能避免动物的精神痛苦，使其免受恐惧和苦难。疼痛和沮丧是动物的主观情感，而恐惧和紧张则主要是由于受到外来刺激所致。养殖中的暴力行为以及装卸、运输等均可引起动物应激。“异地育肥”“北繁南育—北牛南调”是当前我国肉牛生产的主要模式，而我国典型的禁食禁水的运输条件会导致牛只出现脱水、代谢水平受阻、代谢水平提高、离子水平失衡等问题。研究表明，环境应激会引起体液免疫和细胞免疫的改变，增加牛只的发病率。采用人为方法也能够减小动物的应激，曾经人们总觉得“对牛弹琴，不入牛耳”，但根据英国莱斯特大学最近一份报告表明，慢音乐能缓解奶牛的压力，使得产奶量提高3%。在养殖过程中应尽量避免人员的不当操作减小应激，在屠宰动物时应尽量减小动物遭遇的痛苦。

综上所述，在反刍动物养殖过程中要时刻从生理福利、环境福利、卫生福利、行为福利和心理福利等五个方面关注动物的精神状态和肉体感受，还应包括动物对外界环境变化的应对能力。外部环境包括气候、居住环境等因素，内部环境是指动物内在的营养健康状况。由于包含动物的自身感受，动物福利的好坏很难进行判断和量化，且动物偏好行为评估也存在一些不足。因此，可收集不同福利条件下动物的生产性能、繁殖性能、健康状态等指标以供参考，弥补动物偏好行为评估的不足。强调和发展动物福利不仅仅是提高生产效率和繁殖效率的手段，还在一定程度上为消费者保障了食品安全性，才能够持续地生产出健康、优质、安全的畜产品，满足广大消费者的需要。近年来越来越多的相关工作者也开始关注动物福利项目研究，“十一五”健康养殖项目首次列入国家科技计划，动物福利研究越来越多地获得国家经费的支持，这也印证了结合中国畜牧生产实际的福利养殖技术研究正在大跨步向前推进。

第二节　动物福利与反刍动物产品健康

随着社会经济水平的提升，人们对生活质量的要求进一步提高，绿色食品、有机食品已然成为现代社会生活中人们所推崇的对象。现代畜牧业在不断满足人们对动物产品数量需求的基础上，进一步提高了动物产品质量。目前在中国规模化、集约化的饲养模式中，部分畜牧生产者为了一劳永逸地阻断疾病传播和保证畜禽生产性能，无视国家法律法规，滥用药物的情况层出不穷，导致动物产品中药物残留过高，重金属含量超标、饲料添加剂超标等食品安全问题。为减少动物源食品的安全问题，应积极提高畜禽养殖业的动物福利。

一、动物福利与反刍动物产品质量的关系

反刍动物的肉和奶为人类提供高质量蛋白质、必需矿物元素和脂溶性维生素，绿色健康高品质畜产品成为消费者追求的目标。绿色畜产品要求在提高反刍动物饲料利用率的同时，减少对环境的污染与破坏。这就要求养殖业在追求经济效益的同时要兼顾动物本身的健康，这与动物福利的要求相契合。世界各国政府及科学界对“动物福利”并没有统一的概念，若按照世界动物卫生组织在陆生动物卫生法典中的概念，动物福利是指给动物提供一个良好的生存状态，包括很好的兽医诊疗服务以及诊疗过程中尽可能减少动物的痛苦。此外还应有充足的饮水和食物、健康舒适的环境及人道屠宰服务。这几个方面基本上涵盖了动物福利通常所谈及的“五大自由”。与西方国家强调表达天性是动物福利五大基本准则中最重要的不同，在我国，实现动物福利的首要任务保证动物健康。由于社会经济发展情况和阶段不同，就中国而言，保证动物健康才能保障为 14 亿人口提供更好的动物蛋白产品。

联合国粮农组织倡导“同一健康，同一福利”（One Health，One Welfare）理念，主张动物福利与食品安全、健康、环境、生态等系统密切相关。影响反刍动物畜产品品质的主要因素包括动物自身的年龄、品种、遗传等因素，饲料品质，饲养管理水平，减少环境应激以及防疫防控管理。福利养殖可以利用科学的干预给动物创造最适宜的生存环境，使动物健康地成

长，从而生产更多、更好、更安全的产品。推广反刍动物福利可以延长动物的使用年限、降低死淘率、增加产量、提升品质，综合效益可观。农场动物福利是肉类等畜产品安全生产和可持续发展的一项关键保障，因此农场动物福利与食品安全以及食品品质等诸多方面都紧密相连，且这种联系贯穿其从出生到屠宰的一生。可以说农场动物福利的好坏直接影响畜产品的品质，生产环节（如饲养管理水平、养殖密度、限制饲喂和饲养环境等）对肉质的影响很大，运输及屠宰前的应激都会降低肉类的品质。适当的动物福利与产奶量和乳品质之间也有联系，保障动物的卫生福利，维持畜栏清洁、干燥、舒适，及时清理粪便，保证垫料干爽，减少微生物生长繁殖，既可以降低奶牛患乳房炎的概率，也有利于防止反刍动物感染肢蹄病。这对节省养殖成本，提高畜产品品质也有积极作用。

二、提高反刍动物福利的措施

我国从 2014 年起相继出台了 3 个农场动物福利标准，即《农场动物福利要求　猪》（2014 年 5 月），《农场动物福利要求　肉牛》（2014 年 12 月），《农场动物福利要求　羊》（2015 年 11 月）。2017 年 11 月，我国首部农场动物福利行业标准《动物福利评价通则》，经过了我国畜牧规范化理事会的专家评审批准，该标准以保护农场动物福利为宗旨，涵盖了畜禽科学管理、疾病预防、兽医诊疗和人道屠宰等，有利于维护动物健康，保障动物源性食品安全。相比于国外研究的畜产品种类覆盖较广，现有国内研究多是以猪肉为例进行分析，鲜有文献以乳制品为例，而相关文献在国外已经比较丰富。2021 年 8 月 29 日，我国出台了《农场动物福利要求　奶牛》，并于 2021 年 9 月 1 日起实施。

根据不同反刍动物的生理习性，规定各有不同。但一般可归纳为如下几个方面，即采食饮水、养殖环境、养殖管理、健康管理、运输转场、疾病处理与人道屠宰。在饮食方面要求科学饲喂，使用的饲料和饲料原料应满足国家有关法律法规及标准要求。不使用变质、霉败或被污染的饲料原料和除乳制品外的动物源性饲料原料。根据动物不同生长阶段饲喂不同营养标准饲粮。为反刍动物提供足量的清洁饮水，水质符合国家规范。对奶牛来说，夏季饮水温度应不超过 28℃，冬季应不低于 10℃。在养殖环境方面，要求畜舍建筑设计应满足特定反刍动物的生物学特性和行为习性的空间需求。控制适宜的饲养密度，为牛群提供充足、舒适的躺卧区域。在冬夏季监控舍内温湿度，防止冷热应激的发生。在动物饲养管理方面，则要求生产经营者和管理人员须具有必要的动物饲养知识和管理能力，并进行了相关动物福利和饲养技能方面的基本训练，了解有关动物卫生与福利等方面的基本知识，并能在管理流程中娴熟使用工具，对突发事件必须具备紧急的管理能力。同时还应当建立记录制度，对反刍动物的生产、福利、繁育、运输、淘汰全过程都应当记录清楚，并可追溯。经福利管理的畜产品应有可追溯的标识，方便质量监控。在卫生监督管理方面，应定期对卫生规划的落实状况开展检查，检查记录结果存档保管，并根据执行情况及相关规定施行警告及处罚。依照生物安全、疾病防治、药物管理标准制定健康计划。在反刍动物运输转场方面，要求驾驶员及押运人员应具备相应动物运输的经验，并进行过与动物福利相关专业知识的训练。运输前提前了解天气状况，在运输中减少颠簸，尽量减少动物应激。在动物遭遇疾病时，要及时联系具有执业资格的兽医进行诊治。对大型反刍动物，如果受伤牛卧地不起，禁止拖拉，必要时使用起重装置，不给病牛带来痛苦。做好病畜隔离，防止交叉感染。如果动物医治无效，养殖场可以为动物提供安乐死，以免除动物因伤病受到的痛苦与折磨。

第三节　反刍动物福利与牧场经济效益

党的十八大以来，我国畜牧业转型升级步伐加快，养殖集约化和规模化程度大幅提高。然而，生产方式的先进性并不能直接代表其合理性，在人为控制下进行的高效生产活动以及“利润最大化”目标驱使下的掠夺式经营活动，会造成农场动物的整体福利水准低下，并诱发诸多问题，如动物疫病间歇暴发、畜禽养殖环境污染问题日益凸显、畜产品出口遭受动物福利壁垒阻碍、畜产品质量安全问题频繁出现。由此，改善农场动物福利不仅是避免动物疫病、防治环境污染、突破隐性贸易壁垒、保障食品质量安全的充分条件，更是“双循环”新格局下促进畜牧业高质量发展的新生动力。然而，改善农场动物福利必然会提高饲养成本。鉴于我国相关立法与标准的滞后和缺失，养殖主体一般没有主动改善农场动物福利的意愿，除非能卖出更高的价格。作为经营者，谋求利益最大化、低投入高产出无可厚非，但是为了让反刍动物更好地服务于人类，延长动物的使用年限，产出更高品质的产品，饲养者就应该善待动物。从更长远的角度来看，提高反刍动物福利，虽然前期确实提高了生产成本，但这种做法可以有效提高反刍动物的健康状况，充分发挥它们的生产性能，有效提高产品质量，降低死淘率，提高了动物自身的免疫力，用于动物疾病防治的开销也将大幅减少。以国内知名乳业公司为例，他们饲养的奶牛吃的是多种牧草“混搭的营养套餐”，住的是三居室的“别墅”，餐厅、卧室和挤奶厅彻底分开，使用着专门为奶牛设计的“全自动万向挠痒净身机”，听着音乐产奶，所生产的奶及奶制品驰名全国，这可以看作动物福利改善牧场经济效益的成功案例。对于养殖企业来说，在保障动物福利的同时，也要注意对消费者普及动物福利的意义，采取相应的宣传推广手段，有助于树立产品定位，刺激消费者的购买欲。

从消费群体视角出发，消费者对农场动物福利产品有较为强烈的支付意愿，但支付的溢价水平有一定的提高空间，通过消费者对农场动物福利产品的溢价支付促进养殖主体改善农场动物福利是可行的。有研究专门统计了消费者的支付意愿主要受到农场动物福利认知、立法诉求、受教育程度、家庭月收入水平、乳制品质量安全风险感知和乳制品质量安全关注度的显著影响。虽然在我国消费者动物福利的意识还比较薄弱，但越来越多的人们开始意识到环保的重要性，人与动物的和谐相处是人与自然和谐发展的需要。随着消费者生活水平与文化水平的普遍提高，选择绿色、天然无公害的畜产品将成为趋势。

一方面，企业应开拓农场动物福利产品消费市场。以高端产品路线进入市场，开展市场营销活动，对产品的质量安全水平、环境保护、伦理道德方面进行宣传，满足高端产品偏好的消费者需求。另一方面，企业应采取差异化营销策略。从受教育程度较高、家庭月收入水平较高的消费者入手，以产品质量安全水平为切入点，加强农场动物福利产品特性科普，提高其支付意愿。

第九章
反刍动物常见疾病防治技术

第一节　牛常见疾病的防治

奶牛饲养阶段不同，常见病情况不同。犊牛常见病主要包括犊牛腹泻、犊牛肺炎、犊牛佝偻病、犊牛传染性鼻气管炎等；泌乳期和围产期奶牛常见病主要包括口蹄疫、结核病、布鲁氏菌病、奶牛乳腺炎、子宫内膜炎等。

一、犊牛腹泻

犊牛腹泻是从初生至6月龄阶段发生的综合性胃肠道疾病，一年四季均可发生，尤其是在2月立春后至5月期间容易发病，犊牛常在出生后2~3 d开始发病，或在1月龄后与断奶前后发病，是导致犊牛死亡的最常见疾病，具有高发病率、高死亡率、高治疗费用和低增长率等特点（图9-1）。在大群饲养时犊牛腹泻发生率常达90%~100%，死亡率最高可达50%以上，治疗不及时容易造成犊牛死亡，及对犊牛的发育、生长等有很大影响。

图9-1　腹泻犊牛

（图片拍自河北省君源牧业有限公司）

（一）病因

引起犊牛腹泻病的病因诸多且原因复杂，主要分为四种类型：细菌型、病毒型、寄生虫型、饲养管理型。

（1）细菌型。常见的细菌感染主要有大肠杆菌、沙门氏菌，而产气荚膜梭状芽孢杆菌、弯曲杆菌等也可引起犊牛腹泻。

（2）病毒型。盏形病毒、冠状病毒、轮状病毒、微病毒、星形病毒等都可引起犊牛腹泻，而冠状病毒和轮状病毒起着重要的病原学作用。

（3）寄生虫型。隐孢子虫是一种原生动物（球虫），可导致新生犊牛发生腹泻。

（4）饲养管理型。饲养管理型主要由外界环境引起，比如气候骤变或者寒冷、牛舍潮湿、通风不佳、舍内拥挤时；另外当犊牛缺乏营养，比如饲喂蛋白质水平低、维生素不足的饲料，母牛乳房部位不干净，新生犊牛没有及时吮吸足够的初乳或者哺乳过少、过多、不及时等，也会导致腹泻。

（二）症状

（1）细菌型。犊牛被细菌感染以后，刚刚发病和没有发病时相比，犊牛的排便次数会更加频繁，粪便也呈现出灰白色糊状，甚至有时候粪便还会带有黏液，病情严重的时候粪便会成为污黑色并略显绿色的液体状态，其余如采食量、精神状态等无明显改变。待到患病后期犊牛精神状况会不好，也不能长时间地站立和进食，自身的皮肤弹性也会消失。

（2）病毒型。病毒性腹泻，发病时体温可高达 40~41℃，犊牛的呼吸会急促，发病前期精神不振，鼻息相对干燥，喝水量增加，同时还会出现咳嗽、充血等现象。粪便变为灰黄色，夹杂着黏液和血丝；发病晚期犊牛不再进食，体型变得消瘦，不能站立，身体温度也迅速下降，最终因败血、腹泻导致身体衰竭死亡。

（3）寄生虫型。犊牛表现为无精打采，不想进食，瘤胃蠕动及反刍不再进行。肛门会流出鲜血，粪便中掺杂着血或者血块，仔细观察会发现粪便中也有纤维性黏膜。

（三）防治

1. 预防措施

（1）加强管理。加强管理人员的管理工作：一是犊牛饲养的环境要干净卫生，管理人员对犊牛舍中粪便以及尿液随时进行处理，经常更换犊牛舍中垫草并对牛舍定期消毒；二是初乳喂养，一定要在犊牛出生后 1 h 内饲喂初乳，时间过长，犊牛对初乳当中的免疫球蛋白的吸收率会大大降低。

（2）接种疫苗。管理人员要在母牛妊娠晚期对其进行疾病的预防，进行疫苗接种和驱虫处理。这样有效提高犊牛的免疫力，防止犊牛被母牛体内的寄生虫传染到。

（3）定期体检。管理人员要根据犊牛情况，有计划地对其进行身体检查，通过体检了解身体情况，及时发现可能出现的疾病。发现疾病，管理人员有针对性地采取有效办法进行治疗，避免病情加重，做到早发现早医治。并且可以隔离患病犊牛，单独治疗，避免疾病的传染，防止腹泻的扩散，减少治疗费用。

2. 治疗措施

各种病因引起腹泻的临床症状往往很相似，而且腹泻引起犊牛死亡的主要致病机制也类同，主要是脱水、酸中毒、电解质失衡以及内毒素中毒。补液通常是治疗犊牛腹泻的主要措施。常用的补液方法有2种，口服补液和静脉输液。腹泻初期，犊牛体况较好，有吮吸反射，可以选用比较简便的口服补液方法。相对于静脉输液，口服补液操作简单，易于实施。目前国内售有多种商品化的口服补液盐，可按其说明书配制使用。如无现成的口服补液盐，可自行配制，配方如下：60 g左右的苏打、60 g左右的盐、50%的葡萄糖溶液50 mL，加38℃左右温水至4 L左右。每次配制补液的量为2~4 L，每天2~3次，用奶瓶或胃管灌服。口服补液时注意：用温水配制口服补液盐；口服补液盐不要与牛奶混合饮用，应在喝奶后2~3 h后进行补液。在腹泻后期或症状严重的病例，犊牛可能会出现高度乏力，吮吸反应消失，精神沉郁甚至昏迷，此时无法进行口服补液，需进行静脉输液，静脉输液一般用等渗溶液，一次补液量为2~4 L。此部分参见《犊牛饲养管理关键技术》（孙鹏等，2018）。

二、犊牛肺炎

多发生于秋季和春季，在昼夜温差较大的春秋季节，犊牛在冷热交替变化的不断刺激下易引起肺部炎症。在冬春季节，圈舍中的温度冷热交替会不断刺激犊牛身体，造成严重的应激反应，进而导致肺炎病发生。其中刚出生到2月龄的犊牛是高发群体。此部分参见《犊牛饲养管理关键技术》（孙鹏等，2018）。

（一）病因

犊牛肺炎的发病原因十分复杂，通常由多种致病因素共同感染引起。疾病发生存在一定诱因，包括潮湿寒冷、气候骤变、环境卫生差、致病菌感染及发育不良等。

（1）环境因素。冬季圈舍潮湿寒冷，如果圈舍的温度下降到 8℃以下，湿度超过 75%很容易造成低温高湿刺激，引发肺炎疾病。另外，受到雨雪侵袭，如伤风感冒发热也可以引发肺炎疾病。此外，养殖环境氨气浓度较高、舍内通风不佳、饲养密度过大，这些因素都会严重影响犊牛呼吸道健康。没有定期开展圈舍消毒工作，垃圾和粪便未及时清理，都可能给病原微生物提供滋生和传播条件，犊牛容易出现肺炎。

（2）病原微生物感染。犊牛感染了昏睡嗜血杆菌、肺炎链球菌、溶血性巴氏杆菌、结核杆菌、衣原体、支原体等病原微生物，都可能引发肺炎。

（3）自身发育。肺炎疾病的传播流行主要和犊牛的呼吸器官发育不健全、各个功能不完善有很大关系。犊牛出生后未得到初乳及时喂养，或者初乳品质较差、量不足，也会直接降低犊牛的免疫力和抵抗力，易感肺炎。

（二）症状

犊牛肺炎一般分为急性型和慢性型。

（1）急性型。病牛主要表现为精神萎靡，食欲不振，严重时甚至完全废绝；反应较迟缓，鼻漏往往吊于两鼻孔外，呈脓性；出现咳嗽，早期呈干性，且伴有疼痛，后期变成湿性。病牛体温升高，能够达到 39.5~42℃，出现弛张热；心跳明显变快，脉搏早起增快，后期逐渐变弱；呼吸频率加快，每分钟达 60~80 次，呈明显的腹式呼吸。在胸部进行叩诊，能够听到病灶区发出半浊音或浊音。

（2）慢性型。病牛主要呈现间断性咳嗽，通常在早晨、夜间、运动和起立时发生。在肺部进行听诊，能够听到湿性或干性啰音。对胸壁进行叩诊，往往能够导致病牛发生咳嗽。大部分病牛精神状态较好，能够采食，少数出现中度发热，体温达到 39.0~40.5℃。

（三）防治

1. 预防措施

增加初乳的摄入量，吃初乳多，犊牛抵抗力会更强，不要混合不同年龄、管理条件不同的牛群；犊牛和成年牛不要混群，不要外购散养牛；病牛和健康牛不要混群。加强免疫，可使用肺炎疫苗，按规程操作。

2. 治疗措施

犊牛肺炎选择中西药联合治疗能起到很好的效果，结合患病牛的临床症状，具体的治疗方案在制定上必须结合实际病情而行，严格控制用药用量。

（1）西药主要依据强化补液、预防继发感染的原则进行对症治疗，治疗需要针对炎性产物吸收、制止炎性产物渗出、控制继发感染和抗菌消炎，做好对症治疗。常用药物包括补液类、强心类等辅助配合使用药物，还有磺胺类、抗生素类为主的治疗药物。选择使用0.9%的氯化钠注射液、10%的葡萄糖注射液、硫酸庆大霉素、30%的安钠咖注射液、复合维生素B注射液、维生素C注射液，使用剂量分别为100 mL、200 mL、2 mg/kg体重、10 mL、10 mL、10 mL，将上述药物混合后静脉注射，1次/d，连续使用3 d为1个疗程。可以让患病牛口服或静脉注射双黄连注射液，使用剂量为30 mL，并配合其他抗生素治疗。如果犊牛出现大叶性肺炎并伴随明显的出血症状，要注射止血敏注射液，1次/d，连续使用5~7 d。

（2）中药主要选择使用麻杏石甘汤联合银翘散加减治疗，板蓝根10 g、连翘10 g、麻黄6 g、黄芩10 g、杏仁10 g、银花10 g、石膏40 g、沙参10 g、桑皮6 g、桔梗6 g、甘草10 g、麦冬6 g，将上述药物共研为末，添加到适量开水中冲服，每天上午下午各1次，连续使用4 d为1个疗程。采用上述治疗手段，通常治疗3~5 d后，患病牛临床症状即可消退恢复。

三、犊牛佝偻病

犊牛佝偻病是犊牛维生素D缺乏及钙磷缺乏或者是它们中的某一种缺乏或比例失调引起代谢障碍所致的骨营养不良，同时引起全身功能紊乱。

（一）病因

佝偻病可以分为先天性佝偻病和后天性佝偻病。先天性佝偻病主要是指母牛在怀孕期间由于饲料搭配不当，缺乏青饲料或者维生素D、钙和磷，导致胎儿在母牛体内无法获取足够的钙，进而影响胎儿骨组织的正常发育。

后天性佝偻病则可以分为营养不良性和病理性两种，主要病因包括：

（1）母乳中维生素D不足，代乳品中未添加足够的维生素D，导致钙、磷吸收障碍。

犊牛断奶后饲喂的日粮中维生素D缺乏，钙或磷含量不足或比例失衡。或者长时间饲喂多汁饲料、块根类饲料、麦糖、麦秸等，导致血液中钙水平降低，以及种植在低磷土壤上的饲草料，导致血液中磷水平下降，导致机体缺乏钙、磷或者摄取不足。

（2）缺乏运动，犊牛每天没有经受充足光照，导致体内维生素D的生成受到抑制。

（3）患胃肠疾病、肝胆疾病，长期拉稀，影响钙、磷和维生素 D 的吸收利用。

（4）日粮中蛋白或脂肪性饲料过多，代谢过程中形成大量酸类，与钙形成不溶性钙盐大量排出体外，导致缺钙。

（二）症状

患病犊牛有的出生便不能自行站立吃母乳，经人工扶助仍不能站立。精神沉郁，喜卧，异嗜，常有消化不良症状。有时出现痉挛。站立时，拒绝走动，四肢频频交替负重。运步时，步样强拘。颜面增宽、隆起，鼻腔狭窄，吸气有所变长。骨骼弯曲、发生变形，骨硬度下降，变软变脆，且容易导致长骨发生骨折等。肋骨和肋软骨结合部呈串珠状肿胀。四肢关节肿胀、骨端增粗、骨骼弯曲，呈“O”状或“X”状姿势。肋骨扁平，胸廓狭窄，胸骨呈舟状突起而形成鸡胸。牙齿发育不良，排列不整，易形成波状齿。牙齿无法完全咬合，发生口裂而无法完全闭合，并伴有采食、咀嚼不灵活。生长发育延迟，营养不良，贫血，被毛粗刚、无光泽，换毛迟等。肌肉和腱的张力变小，腹部明显下垂。被毛粗硬，失去光泽，换毛延后。部分患病犊牛会表现出神经症状，如神经过敏、抽搐和痉挛等。

（三）防治

1. 预防措施

主要是加强对妊娠母牛的饲养管理，加强运动、延长放牧时间，舍饲母牛严禁经常喂给青绿饲料，饲料中加入适当钙质，此外也可将蛋壳研磨，掺入饲料内喂给母牛。对于哺乳犊牛者应随母牛适当运动，并有充足的光照。

2. 治疗措施

犊牛佝偻病预防关键是补充钙、磷和维生素 D，单纯补充钙、磷效果不理想，配合维生素 D 可提高疗效，促进钙磷吸收，并且需要保证日粮中钙、磷的含量比例适中。

（1）补充维生素 D。皮下或肌内注射维生素 D_3 5 000～10 000 IU，1 次/d，连用 1 个月，或者 80 000～200 000 IU，2～3 d 一次，连用 2～3 周即可。病牛可内服 15～20 mL 鱼肝油，每天 1 次，但出现腹泻时要立即停止使用；肌内注射 400 000～800 000 IU 骨化醇，每周 1 次。

（2）补充钙。轻症，肌内注射维生素 D_2 40 000～80 000 IU，1 次/周。内服碳酸钙 5～20 g，或乳酸钙 5～10 g，或磷酸钙 2～5 g，1 次/d。内服维生素 D_2 磷酸氢钙片，或皮下或肌内注射维生素 D_2 胶性钙液 5～10 mL；重症采用突击剂量注射维生素 D_2 400 000 U，分 2~3 点肌内注射，1 次/周，连用 2~3 周。同时用 10%氯化钙溶液 5~10 mL，或用葡萄糖酸钙溶液 10~20 mL，静脉注射，1 次/d。

（3）肌内注射 20 mg 地塞米松酸钠注射液，1 次/d，连续使用 7 d。地塞米松属于肾上腺糖皮质激素，抗炎作用非常强，不仅能够缓解炎症部位的水肿、渗出，减轻红、肿、热、痛等，还能够防止毛细血管在炎症后期出现增生，缓解或者避免发生粘连。

（4）肌内注射肾上腺皮质激素能促使胃壁细胞增加，促使机体增加分泌胃蛋白酶和胃酸，导致胃和十二指肠黏膜 1 对迷走神经兴奋的反应性保持正常。因此，能够改善机体吸收矿物质及维生素 D 的能力。

（5）四肢弯曲严重的犊牛，可装固定的夹板绷带，辅助负重，以利矫正。

四、口蹄疫

口蹄疫是由口蹄疫病毒感染引发的急性、热性、高度接触性传染病，主要感染猪、牛、羊等主要经济动物和野生偶蹄动物，易感动物多达 70 余种（图 9-2）。口蹄疫在全世界范围内广泛流行。其传播速度迅猛，一般 2~3 d 内可使整个牛群感染发病，而且偶尔可见人类感染发病，一定要加强防范。

（一）病因

口蹄疫病毒属微 RNA 病毒科的口疮病毒属（包括 4 种病毒，即牛鼻病毒 A、牛鼻病毒 B、马鼻病毒 A 和口蹄疫病毒），口蹄疫病毒为典型代表毒株，也是人类确认的第一个动物病毒病原，开创了病毒学新纪元，是研究最深入的动物病毒之一。口蹄疫病毒主要在水泡及淋巴液中存在，疾病的传染源主要就是带毒的动物，而奶牛的消化道同样是传染常见的入口，皮肤和黏膜也能够感染疾病，此外有的奶牛还能够通过呼吸道的接触而发生疾病的感染。引发口蹄疫的病毒有多种类型和亚型，各型之间的致病力不同，且相互之间无交互免疫，所以日常的防疫方法也存在差异性，导致疾病的流行形式表现不同。

（二）症状

口蹄疫患牛体温为 40~41℃，可见流涎，采食能力下降，观察其舌、齿龈都有水疱及粉红色溃疡，病牛乳房及乳头部位的皮肤上有水疱，并很快破溃形成烂斑。给奶牛挤奶操作时可见其有疼痛的表现，泌乳能力降低，还会继发乳房炎。患病奶牛的蹄冠和蹄叉间有水疱存在，如果奶牛蹄部被泥土、粪便等污染，则患部会出现化脓，造成跛行。感染严重的会出现蹄匣脱落。如果奶牛感染恶性口蹄疫会导致心肌炎，死亡率高达20%~50%。

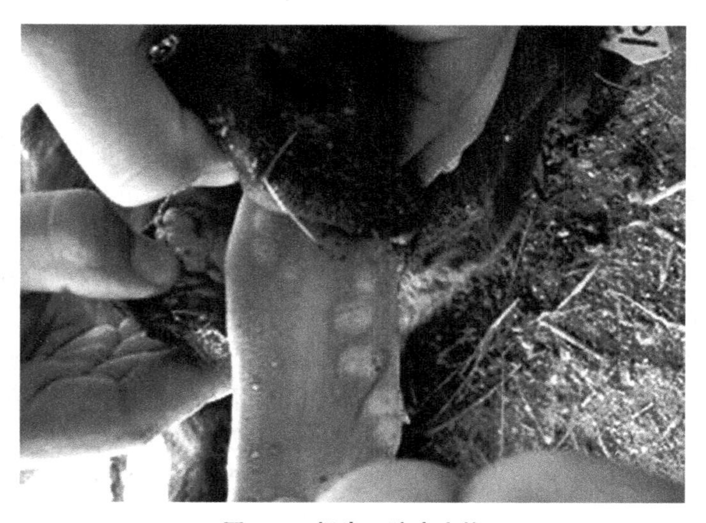

图 9-2　奶牛口蹄疫症状

（三）防治

由于口蹄疫病毒的血清型类型多，发病率高，传播速度快，治疗难度大，目前针对口蹄疫采取的主要措施就是预防和管控。牛场一旦发生口蹄疫，饲养者要在第一时间将疫情报告给上级部门，并按照要求严格划定并且封锁疫区。牛场内出现的病牛以及与病牛接触过的奶牛全部要进行扑杀、深埋或焚烧等无害化处理。如果牛场内贮存的饲料受到污染应该及时废弃处理掉，奶牛的活动场和使用的用具、车辆和圈舍等都要采取彻底的消毒处理，通常使用2%的火碱水作为消毒剂。应严格禁止疫区内外的人畜流动，对发病现场的工作人员应采用0.1%的过氧乙酸对手部进行消毒。发病饲养场周围未感染的牛群也应尽快进行疫苗免疫，一般按照半年接种1次的频率，连续免疫3~5年即可。

五、布鲁氏菌病

布鲁氏菌病又称布病，是由布鲁氏杆菌引起的一种分布广泛、传染性强、危害严重的人畜共患传染病。人类发生感染后，长期不愈、反复发作，影响人类生活质量。该病可使各个阶段的牛感染患病，在我国呈散发流行，西北、东北和中原等养牛业发达地区发病较多，也不乏某些农业院校出现的实验动物感染人事件，严重威胁着人和动物的安全，对奶牛养殖业和公共卫生安全影响巨大。

（一）病因

奶牛布鲁氏菌病的病原为布鲁氏菌属的牛种布鲁氏菌。牛种布鲁氏菌也称流产布鲁氏菌，牛为其主要宿主。本病传染性极强，不同种别的布鲁氏菌既可以感染其主要宿主，又可以相互转移。布鲁氏菌为革兰氏阴性细菌，外形短小，形态呈球状、卵圆形或球杆状，传代培养后渐呈短小杆状。无鞭毛、不形成芽孢，不具有运动性，寄生于细胞内，毒力菌株可有薄的荚膜。目前布氏杆菌主要分为 6 个种，即流产布氏菌、猪布鲁氏菌、绵羊布鲁氏菌、犬布鲁氏菌、马耳他布鲁氏菌和林鼠布鲁氏菌，其中牛主要感染的是流产布鲁氏菌，各种间生物学特征和形态特征差异不大。布鲁氏菌单独培养后显微镜下呈短杆状或球状，长 0.6~1.6 μm，宽 0.4~0.7 μm，一般单个存在。初次从病料中分离时以球状居多，多次传代后逐渐成为短杆状。本菌无鞭毛，不运动，不形成芽孢，姬姆萨染色后呈紫色，柯兹洛夫斯基染色后呈鲜红色，对葡萄糖有分解作用，不分解甘露醇，靛基质试验呈阴性，对明胶无液化作用，维倍试验和甲基红试验均为阴性，部分种可分解尿素和产生硫化氢。布鲁氏菌不产生芽孢，在自然环境中稳定性较强，但对外界环境抵抗力差，对湿热抵抗力较弱，沸水中 5 min 内即可被杀灭，对光照敏感，太阳直射光下 4 h 之内便可死亡，但在组织中存活时间较长，对普通消毒剂敏感，2%石炭酸、2%福尔马林、烧碱溶液等常用消毒剂对其都有较好的灭菌效果。

（二）症状

本病感染后潜伏期长短不一，通过黏膜感染的潜伏期较长，可达到数月之久，通过血液途径一次性感染病原量多的潜伏期较短，半个月之内便可发病。本病母牛发病率较公牛和后备牛高，后备牛患病后一般不会表现明显的临床症状，表现最明显的便是妊娠母牛，妊娠母牛感染发病主要以流产为典型症状，流产最常发生在母牛怀孕 6~8 个月，已经发生过流产的母牛怀孕后倘若再次流产，此次流产会比第一次流产迟。通常患牛流产会发生在首胎，第二胎不会发生流产等问题。出现流产状况之前的 3 d，母牛会有明显的分娩预兆，其乳房肿胀，有乳汁流出，阴唇和阴道黏膜会出现红肿现象，阴道内有浅褐色的黏液流出，排出的液体会伴随腥臭气味。也有一部分母牛会出现乳房炎、子宫内膜炎、卵巢囊肿、胎衣不下等问题，最终造成母牛的不孕不育。曾发过本病的牛场，牛群的生殖道炎、乳房炎、发情不规律、屡配不孕、胎衣不下以及关节炎等情况出现的概率较高。患病公牛主要表现睾丸炎，症见睾丸肿胀，发硬，阴茎潮红，附睾也发生炎症，触摸病牛有疼痛感。通常情况下，感染布氏杆菌的牛后期都会发生精子产生能力下降，终身不育。另外，个别牛会发生关节炎，行动迟缓，步态不稳，经常卧地，放牧时容易掉群。此外，支气管炎也是由于该病引发的常见疾病。

（三）防治

（1）增强引导宣传力度，树立科学防范意识。通过印发宣传手册，召开专题技术研讨会，举办技术培训班等形式普及布病的防治知识，提高从业人员对该病的认识程度。推广“以预防为主，治疗为辅”的综合防治方法，建立有效的反应机制，自觉加强防护意识和落实防疫措施。

（2）提高科学饲养水平，增强奶牛的抗病能力。坚持自繁自养原则，坚决做到不在疫区或发病牛群进行引种。必须引种时，应将新购牛隔离饲养观察 45 d，全群布氏杆菌病检疫检查结果为阴性者，才可以进行混群饲养。定期进行检疫，及时发现阳性感染牛，进行隔离饲养，对失去饲养价值的牛，要及时做淘汰处理。检疫阳性牛所产犊牛要隔离饲养，饲喂健康牛乳或巴氏杀菌乳，在第 5、第 9 月龄时各进行 1 次检疫，结果全部阴性者为健康犊牛。定期对牛舍、运动场、饲槽、各种器具进行彻底消毒，对流产的胎儿、胎衣以及分泌物进行无害化处理，以切断传播途径。进行免疫接种、采血等操作时，要做到一畜一针，避免交叉感染。科学配比日粮，给牛提供营养均衡的营养补给，提高奶牛生产和抗病能力水平。

（3）免疫接种对预防该病发生有一定的作用。目前，用于预防奶牛布氏杆菌病主要以弱毒活疫苗为主。健康牛接种疫苗后可产生体液免疫和细胞免疫两种免疫方式，体液免疫产生的高滴度血清抗体可将病原中和，降低其对组织器官的侵害程度；细胞免疫机制最终将受侵染的细胞裂解，病原释放入血液，再被血清抗体中和，被彻底清除。

（4）加强管理。牛布氏杆菌病的病程与饲养管理条件有密切关系，如果饲养良好，护理妥善，经过 1 年之后，约有 50%的病牛自愈。经过 2~3 年，有 80%~90%自愈。病牛自愈的具体表现是，凝集反应和补体结合反应消失，乳汁和阴道分泌物不再排菌，与健康牛同厩饲养不会使健康牛得病。

但也有少数病牛长期不愈。如果饲养管理差，病程可延数年，复发和再感染的病例经常出现，使本病在牛群中长期流行。

（5）培育健康后备牛。约占50%的隐性病牛，在隔离饲养条件下，可经2~4年而自然痊愈；在奶牛场，可用健康公牛的精液人工授精，犊牛出生后食用乳3~5 d送犊牛隔离舍喂以消毒乳和健康乳；6个月后做间隔为5~6周的两次检疫，阴性者送入健康牛群；阳性者送入病牛群，从而达到逐步更新、净化牛场的目的。对流产后继发子宫内膜炎的病牛，可用1%高锰酸钾冲洗子宫和阴道，每天1~2次，经2~3 d后隔日一次，直至阴道无分泌物流出为止。严重病例，可用抗生素或磺胺类药物治疗。中药益母散对母牛效果良好，益母草30 g、黄芩18 g、川芎15 g、当归15 g、热地15 g、白术15 g、双花15 g、连翘15 g、白芍15 g。共研细末，开水冲，待温和后服用。

六、奶牛乳房炎

乳房炎是奶牛常见疾病，属于生殖系统疾病，乳腺叶间结缔组织或乳腺体发炎。发病率达20%~60%，影响奶牛产奶量和乳品质的同时还给牧场造成经济损失。

（一）病因

（1）病原。细菌、真菌、病毒等都可能引起奶牛乳房炎，链球菌、金黄色葡萄球菌、大肠杆菌等是造成奶牛乳房炎的主要病原，其中最为常见的病原菌是无乳链球菌和金黄色葡萄球菌。

（2）挤奶操作不当。当奶牛外部损伤（打击、冲撞、挤压、摩擦、冻伤、幼畜咬伤等）、挤奶不净或挤奶间隔过长，导致乳汁滞留于乳房中，病原体易进入乳头管发生乳房炎。

（3）畜舍卫生条件不良：环境中的病原微生物可由乳头进入乳管中，并上行到乳腺组织引起发炎。

（二）症状

奶牛乳房炎因其感染程度不同，可将其分为隐性乳房炎、非临床型乳房炎、亚临床型乳房炎和临床型乳房炎四种。

（1）隐性乳房炎。无明显临床症状，难以发现，但实验室诊断可检测到致病菌。

（2）非临床型乳房炎。无明显临床症状，乳汁无肉眼可见的变化，但产奶量有一定程度减少，实验室诊断可见乳汁中体细胞数量增加。

（3）亚临床型乳房炎。患牛乳房产生炎症，但临床症状不显著，实验室诊断可见乳汁中有致病菌，白细胞数量增加，乳汁中有絮状物，该种类型发病率最高。

（4）临床型乳房炎。患牛乳汁和乳房部位均可发现明显异常，出现乳房肿胀、乳房皮肤发红，按压质地较硬，有疼痛感等症状，此时奶牛产奶量明显降低，乳汁稀薄，颜色呈灰白色，乳汁中含有絮状物。病情严重者乳房坚硬，乳房部位皮肤皲裂，疼痛，停止泌乳，食欲减退甚至废绝，体温升高，乳汁严重变质，颜色呈黄白色，有黏稠的乳凝块（图 9-3）。

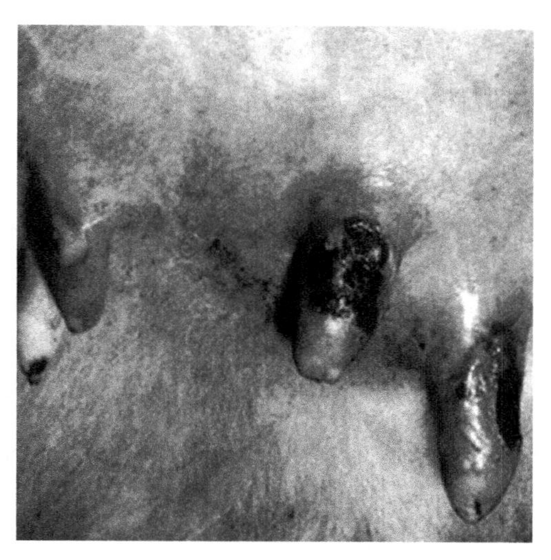

图 9-3　奶牛病变乳房

（三）防治

针对奶牛乳房炎，可采用静脉注射或肌内注射抗生素类药物进行治疗，青霉素与链霉素联合用药的方式治疗效果较好，也可以使用四环素进行治疗。青霉素的使用量通常为 200~250 万 U，四环素的使用量为 250 万 U，每天注射 2 次。也可以根据患病奶牛的体重确定该药物的使用量，通常每天每千克体重 5~40 mg，分 2 次静脉注射。对于病情较轻的患病牛在首次用药时需要适当减少药物剂量，对于重症患病牛可以使用 2~3 倍的剂量进行治疗。在患病奶牛出现严重的全身性症状时，需给患病牛补充体液，同时使用强心剂和安那咖控制病情。对于非怀孕期的患病母牛使用阿莫仙、克米先、强安林等进行输液治疗，可以同时配合使用圆环瘟毒康。对于全身感染的怀孕母牛可以使用强安林进行治疗。急性乳腺炎的患病奶牛，将青霉素 50 万 U、链霉素 0.5 g 与 50 mL 蒸馏水混合，再添加 10 mL 0.25%普鲁卡因溶液，经乳导管注射进入奶牛乳房中，每天 2 次。也可以在挤奶后使用氨苄西林氯唑西林钠混悬剂进行注射，每天 1 次，连续治疗 2~3 d，能取得良好的治疗效果。或者注射乳房炎复合混悬剂，每间隔 24 h 注射 1 次，注射 2~3 次。也可以采取封闭疗法治疗，在奶牛基底部注射 0.25%~5%普鲁卡因 150~300 mL。在进行局部治疗前应先排空乳房，再给药。

七、子宫内膜炎

奶牛子宫内膜炎，是奶牛产后较为常见的一种生殖系统疾病。子宫黏膜存在浆液性表现、黏液性表现或脓液性表现，属于多发病。此病发病率高达 40%左右，对牛的生殖功能会产生影响，如果不及时治疗则会出现慢性子宫内膜炎，甚至会导致奶牛不孕情况发生。近年来，奶牛养殖规模的持续扩大，加上人工授精技术的普遍应用，子宫内膜炎的发病率持续升高，给奶牛养殖产业造成极大经济损失，所以在这种背景下分析子宫内膜炎的诊断和治疗是十分重要的。

（一）病因

（1）母牛在产犊过程中感染。产犊过程中，由于产房卫生条件较差，接产人员为非专业人员，接产前未进行严格消毒，接产时对犊牛“生拉硬拽”造成母牛产道损伤并未对产道进行清洗消炎，几天后伤口发炎，炎性脓液流进子宫，造成子宫内膜炎。

（2）胎衣粘连不下引起感染。母牛产仔后超过 8~12 h 胎衣粘连不下或者还没有完全排出，外露部分胎衣就会在母牛趴卧过程中粘连地上的病原微生物并顺着胎衣进入到阴道内。胎衣裸露在体外细菌就会大量繁殖，并且导致体外的胎衣发生腐烂变质，特别是在炎热的夏季，大量的细菌繁殖，加快胎衣腐败，在腐败的过程中，细菌就能够经由胎衣从外向内进入到子宫内，导致细菌进入到破损的子宫内膜，造成子宫内膜炎。

（3）人工授精过程中发生感染。在给母牛进行人工输精过程中，由于输精管或输精枪输精前未进行严格清洗或消毒，输精前对母牛外阴部没有进行清洗，导致粪污或细菌带入阴道或子宫内，从而引起子宫感染。

（二）症状

根据子宫内膜炎的炎症性质和病程，其临床症状轻重不同。如患脓性卡他性子宫内膜炎时，母牛体温略升高，食欲、精神不振，产奶量下降，有的病牛拱腰、举尾，不断努责，随之由外阴排出脓性黏液，具有腐臭味。直肠检查时，两侧子宫角大小不同，有波动感，有时有痛感，子宫颈口肿大现象明显，充血症状突出，卵巢囊肿现象突出。如呈急性纤维蛋白性或坏死性子宫内膜炎症时，母牛具有严重的全身症状，发高烧，呼吸浅表，脉搏加速，精神沉郁，从阴门排出污红色恶臭的黏液，内含腐败分解的组织碎片。直肠检查子宫壁增厚而发硬，有痛感。

子宫内膜炎呈慢性经过时，一般没有全身的明显症状，只见奶量减少，病牛表现营养不良，体重下降和毛发无光。主要症状：母牛从阴户不断流出稀薄的浅白色黏液，尾部可见到脓汁污迹，当牛躺下时，地面上有脓样物，母牛发情不规则，或不发情；直肠检查可触知子宫膨大并有波动感，易与孕角混淆，但没有胎膜滑落感和胚胎、子叶以及子宫中动脉颤动感。在急性子宫内膜炎中，此病主要发生在母牛产后1周时间内，母牛食欲降低，精神不振，产奶量降低明显。

（三）防治

1. 预防措施

强化对奶牛子宫内膜炎的预防十分重要，对怀孕的母牛要注意对其进行更改饲料，可以多喂食富含矿物质和维生素的食物，注意母牛的营养，母牛需进行适当运动，这样能够提高牛的身体素质和抗病力。授精操作之前，需要对操作人员的手臂和机械进行消毒，与此同时也要做好对母牛外阴部的严格消毒工作。操作的过程中应该遵守操作要求，使得操作方法得当，尽量用力均匀，避免子宫等相关部位产生损伤。

2. 治疗措施

（1）子宫冲洗治疗。对于急性和慢性内膜炎来说，采用冲洗子宫的方式进行治疗效果较为显著，具体方式为：利用抗生素药剂每天定时冲洗子宫，对于急性内膜炎每日冲洗一次，对于慢性内膜炎每隔一日冲洗一次，使炎症得以消除，直至冲洗液体变得清澈透亮为止，通过此种方式使子宫得以净化。

（2）药物灌注治疗。在对子宫进行冲洗的基础上使用抗生素对子宫进行灌注，以此实现保护性治疗，具有消毒、抗炎、抗感染等疗效，较为常用的抗生素有四环素、青霉素、红霉素、土霉素，也可采用两两配合的方式，将青霉素和土霉素结合、红霉素与土霉素结合等方式，以此来提高药效。

（3）综合性治疗。当奶牛子宫内膜炎患病程度较严重时（如子宫内部出现大量脓性分泌物）可采取综合性治疗方式。为了避免奶牛酸中毒，可适当加大抗生素的使用剂量，与此同时，静脉注射浓度为5%～10%的葡萄糖补液，对奶牛体内的酸碱度进行中和，在肌内注射时也可加入复合维生素B和钙，口服维生素C；还可采用中药治疗，利用当归、金银花、连翘、益母草等活血祛瘀的药物进行辅助治疗。另外，当奶牛出现产后感染情况时也可采用综合性治疗方法。

八、瘤胃臌气

当牛采食过量青绿饲料或喂食发霉变质的饲料时，极易导致反刍动物发生瘤胃臌气。而牛一旦发生瘤胃臌气，轻则会影响生长，重则甚至会导致死亡。

（一）病因

引发牛瘤胃臌气的病因主要有两种，一是产气过多，二是排气障碍。

（1）产气过多。如果给牛饲喂易于发酵、发霉变质的饲料，如发霉的饲料、新嫩的青绿草料、豆类饲料等，会导致牛瘤胃生成的气体明显增加，无法通过打嗝、嗳气的方式及时排出，进而导致反刍动物出现瘤胃臌气现象。

（2）排气障碍。如果牛之前患有其他疾病，食道、消化道出现一定损害，导致嗳气反应遭受抑制，也极易导致其出现瘤胃臌气的现象。除此之外，如果饲料的块茎较大，导致牛食道遭受堵塞，也会引发瘤胃臌气现象。

（二）症状

（1）原发性瘤胃臌气。原发性瘤胃臌气一般发病较急，但是在发病过程中患牛体温不会发生明显变化，但是呼吸频率加快，脉搏较为微弱，会出现嗳气停止、反刍停止、黏膜发绀、拒绝采食等症状。对其进行视诊，会发现其左肷部突出，腹部胀大明显，触摸可以感觉腹部紧绷，富有弹性，用手按压不会留下压痕，用手轻扣会听到“隆隆”鼓声。进行听诊时会发现其瘤胃蠕动音停止或极为微弱；随着病情的不断加重，病牛会出现腹痛难忍、后蹄踢腹、四肢张开、眼球外翻、不断呻吟、流涎不止的症状；病情后期，患牛会出现站立不稳、卧地懒动、精神萎靡的症状，严重时会突然倒地不起，最终因心脏麻痹会窒息而死亡。

（2）继发性瘤胃臌气。继发性瘤胃臌气一般发病较慢，但是通常会伴随瘤胃弛缓的症状，发病初期牛瘤胃收缩次数及收缩力会明显增加，发病后期瘤胃会逐渐呈现弛缓的状态。如果用胃管或套管针进行放气，气体会从管腔部位慢慢逸出，瘤胃臌气现象会逐渐消除，呈现凹瘪状态。据实践证明，采用放气的方式针对性治疗，虽然能够暂时缓解瘤胃臌气的症状，但是无法从根源治愈瘤胃臌气，患牛在不久后通常会再次出现瘤胃臌气的现象。继发性瘤胃臌气症状与原发性瘤胃臌气症状大体一致，但是病程一般较长，而且极易出现复发的现象。

（三）防治

在对病牛治疗时，如果病牛存在呼吸困难、腹部胀大的症状，要首先帮其排出瘤胃中的积气。在具体操作过程中，可以用胃管或套针管刺穿，即在左侧第一肋或倒数第二肋的间隙进行刺穿，刺穿后向瘤胃中注入 10～20 mL 浓度为 3%的甲酚皂溶液或甲醛溶液，即可有效缓解病牛病情，帮助病牛排气、止酵，这对病牛病情的恢复是极为有利的。在放气处理之后，可以运用中药的方式强化治疗，选用木香 20 g，枳实、藿香、小茴、丁香各 30 g，乌药、陈皮各 40 g，莱菔子 80 g，混合均匀，加入适量的水煎煮，煎煮后将药渣滤出，放凉后为病牛灌服，2 次/d。中药灌服后，将病牛牵至具有一定坡度的地段，使之呈前高后低的姿势，然后将沾满大蒜汁液的圆形木棍伸到病牛口中，使病牛不断舔食大蒜汁液，通过这种方式，即可帮助病牛嗳气，有效改善病牛打嗝症状，而这对于病牛症状的缓解是极为有利的。另外，为了防止病牛出现继发感染的症状，还要运用西药进行辅助治疗，1 次/d 采用静脉注射的方式为病牛注射 30 mL 氯化钠、20 mL 安钠咖。

第二节 羊常见疾病的防治

羊常见疾病主要为传染病和寄生虫病，其中羊传染病主要包括：羊痘、口蹄疫、羊传染性角膜炎、羊传染性脓疱等。羊寄生虫病主要包括：焦虫病、肝片吸虫病、羊虱等。

一、羊痘

羊痘是一种由羊痘病毒感染的高度接触性、急性人畜共患病，分为绵羊痘和山羊痘 2 种。在我国，羊痘又名羊“天花”，被列为一类重大传染性动物疾病，其传播快、发病率高，不同品种、性别、年龄的羊均可感染，老年羊、哺乳期母羊、羔羊尤其新生羔羊更易感染，该病传播至无病例地区则易造成大流行，羊痘的流行给附近养羊户造成严重经济损失的同时也阻碍了养羊业和羊副产品贸易发展，故而在输入羊只时需加强检测。

（一）病因

（1）饲养环境差。部分养殖户过度追求经济效益而导致羊舍的饲养密度大，而饲养密度过大会影响羊舍内的空气质量，导致空气质量差，有毒气体很难排出。

（2）羊舍的温度控制做得不到位，特别是冬季的保温防寒工作不到位会增加羊痘的发生率。羊舍内的粪便等污物没有及时清理，长期处于较差的饲养环境中会降低羊群的抵抗力，容易导致羊痘等病毒侵入羊体，从而发生羊痘。

（3）生物安全体系不健全。为了预防羊痘的发生，建立生物安全体系是很有必要的。如果养殖者在日常生产中没有做好相应的消毒和驱虫等工作，会导致病毒在羊群间传播，容易引发疫病。消毒既包括日常的羊舍、活动场、饲养用具和来往人员及车辆等的消毒，也包括疫苗接种时的注射针头的消毒等，忽视任何一个环节的消毒工作都会增加病毒滋生和蔓延的可能，增加羊发病的概率。

（4）免疫接种操作不当。对羊群进行免疫接种可以有效地预防羊痘的发生，常用的预防羊痘疫苗有羊痘鸡胚化弱毒疫苗。但是如果免疫接种操作不当，必然会影响免疫接种效果，甚至会免疫失败。比如疫苗的存储温度不适宜、疫苗过期、未按照科学的接种免疫程序接种疫苗、不同羊群混用同一个针头等。

（二）症状

因羊痘病毒具有亲上皮特性，病毒粒子主要存在于病羊皮肤和黏膜处，且血液和口鼻分泌物中也含有病毒。临床上常以病羊无毛或少毛处皮肤和黏膜上出现典型痘疹为特征，潜伏期一般是6~8 d，病羊发病初期体温升高至39.5~41.5℃，部分病羊呆立或卧地不起，食欲削减甚至不食，精神萎靡不振，眼结膜出现潮红。有的病羊会流出黏液性鼻涕，眼睑肿胀，结膜充血；鼻孔周围、面部、背部、耳部、胸腹部和四肢等无毛区出现大小不一的块状疹，且疹块破溃后流出淡黄色的液体，而后结痂。随着痂块的扩大会变成灰白色或者淡红色，而后变成水疱，如果没有继发感染会变成痂皮，并逐渐脱落。如果出现继发性感染，如感染绵羊痘羊的支气管、咽喉、真伪黏膜等发生痘疹时会激发病毒或者细菌感染，而患败血症，最后死亡。山羊痘可并发消化道、呼吸道和关节炎，严重者会继发脓毒败血症而死亡（图 9-4）。

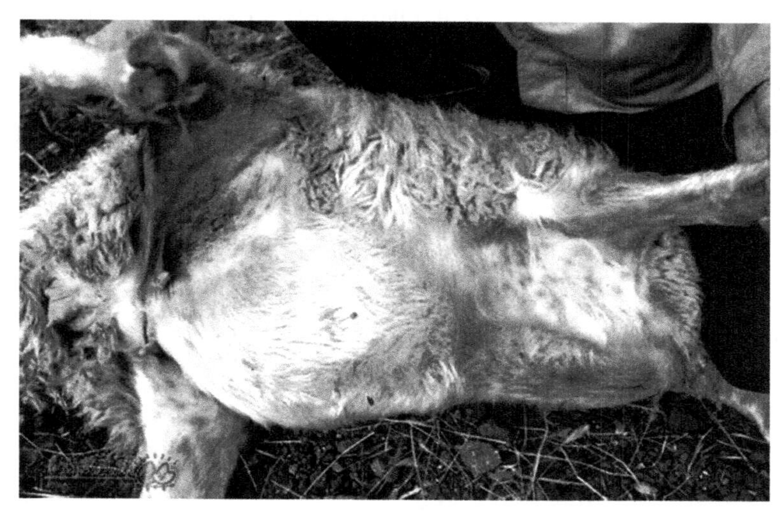

图 9-4　羊痘症状

（三）防治

1. 预防措施

目前，尚无针对羊痘的特效治疗药物，主要以预防为主、治疗为辅的原则加强对羊痘的防治。

（1）饲养管理。由于羊痘主要通过呼吸道、损伤皮肤、饲养用具、饲料、垫草料、皮毛和外寄生虫进行传播，所以，在饲养管理中要切断一切传播途径。羊痘病毒对乙醚和氯仿敏感、耐热性低，平时加强饲养管理，有针对性地喷洒消毒剂，维持圈舍整洁卫生。冬季防寒保暖，夏季防高温灭蚊蝇，加强营养，提高羊群抗病能力。

（2）加强疫苗接种。30 日龄后用羊痘鸡胚化弱毒疫苗每头份经 0.5 mL 生理盐水稀释后，在尾巴根内侧或股内进行皮内注射接种，免疫期为 1 年，要定期强化免疫。

2. 治疗措施

对病羊的治疗原则是对症治疗，也就是根据发病情况采用不同的治疗方法。

如果病羊的口腔有疱疹和丘疹，可以使用 0.1% 高锰酸钾溶液冲洗口腔，2 次/d。也可用冰硼散治疗，于每日早上和晚上各冲洗 2 次。如果病羊的身体有疱疹和丘疹，可使用0.3%高锰酸钾溶液彻底冲洗患病部位，冲洗完毕后再在患病部位涂上紫药水和甘油以增强治疗效果。部分病羊很可能会继发感染其他疾病而加重病情，所以，应该采取相应的治疗手段避免出现继发感染，可采取肌内注射链霉素、青霉素和磺胺类药物等抗生素，也可皮下注射免疫血清治疗，皮下注射 10～25 mL/只，具体剂量要根据羊的体重来定。

除了采取西药治疗外，采取中药治疗也能取得很好的治疗效果，例如在病羊发病初期，可用葛根、金银花、茯苓各 10 g 和干草、升麻各 5 g，混合溶水后煎服。当病羊处于疱疹破溃阶段时，可用连翘、黄连、黄柏、黄芪等药物煎服，痘疹会逐渐痊愈形成痂皮。

二、山羊传染性角膜炎

山羊传染性角膜炎，又称“红眼病”，是一种多病原引起的羊高度接触性急性传染病。其能引起流泪、角膜混浊和溃疡，主要发生于湿度大和炎热季节。集中饲养的羊群传播更快。近年来，养羊业发展很快，该病呈蔓延发展趋势，给养羊业带来一定的经济损失。

（一）病因

引起传染性角膜炎的病菌为摩拉菌属，摩拉菌属主要有羊摩拉菌、牛摩拉菌。摩拉菌为人类等恒温动物眼结膜及上呼吸道黏膜等部位的寄生菌。该菌的许多种为条件性致病菌，其不具备高致病性，在环境因素或其他病原体的协同作用下才能引起感染发病，并加重病变和炎症过程。强烈的光照可使感染动物产生典型的临床症状。阳光中的紫外线可增强摩拉菌的致病作用。紫外线的辐射损伤了黏膜组织，降低了动物的抵抗力，细菌可伺机繁殖，引起发病。

（二）症状

本病潜伏期 3～7 d。患羊一般无全身症状，少见发热。病初患羊羞明、怕光、流泪、眼睑红肿，血管充血，结膜潮红。2～3 d 后眼分泌物增多，变成脓性眼屎，角膜混浊。严重者角膜增厚，并发生溃疡，继而形成白翳，如不及时治疗，会发生失明，跟不上羊群，影响采食，逐渐消瘦，陡坡陡坎行走时容易摔倒。

（三）防治

对山羊角膜结膜炎以外治为主。为控制感染，消除炎症，避免后遗症的发生，应视病因用药，可采取中西医结合的方法进行治疗。

1. 预防措施

选择通风向阳干燥的羊舍并对新引进的羊群要隔离观察2周，确定无病后，再混入大群。对患羊及时进行隔离和治疗，对羊舍彻底消毒。

2. 治疗措施

（1）病羊治疗。病初选用3%的硼酸水洗眼，然后抹红霉素，或四环素软膏，2次/d，同时按120万IU/10 kg体重肌内注射青霉素，病毒灵10 mL，2次/d，2~3 d可痊愈。

（2）白翳病羊治疗。可用0.5%的氢化可的松2 mL，青霉素40万U眼睑皮下注射。用硼砂散吹眼，1次/d。配方：硼酸5 g、炉甘石、朱砂各25 g、冰片5 g、乳砂1 g，共为细末，过绢罗后吹眼)。

三、羊传染性脓疱

（一）病因

羊传染性脓疱也称羊传染性脓疱性口炎，俗称羊口疮，是由传染性脓疱病毒引起的一种急性、接触性传染病。羊发病特征为口唇、鼻镜等处的皮肤和黏膜形成丘疹、脓疱、溃疡和疣状厚痂。本病不仅危害绒山羊，山羊及绵羊也可感染发病，以3~6月龄羊多发，常呈群发性流行。

（二）症状

患病羊采食量降低、反刍减少、被毛粗乱无光、精神萎靡，同时体温升高到40.5~41.5℃。开始感染时，羊的口角、上唇等部位的皮肤会出现一些红色小斑点，之后开始出现丘疹、结节，3~5 d就慢慢长出脓疱，脓疱破溃之后产生一些疣状痂块，随后感染范围向周围大面积扩散，同时引起肉芽组织增生，从而导致嘴唇肿大外翻。

（三）防治

1. 预防措施

（1）防受外伤。避免喂给羊干硬的饲草，饲草中的芒刺应挑出。可给羊加喂适量食盐，减少羊的啃土啃墙行为，避免皮肤及黏膜损伤。做好预防性消毒，定期对羊舍、场地、用具和饮水进行消毒。病羊及时隔离治疗。

（2）免疫疫苗。在羊传染性脓疱流行之前，可接种疫苗进行预防。对已经发病的羊接种疫苗，效果不好。羊口疮弱毒细胞冻干苗每只接种0.2 mL，疫苗在羊的口唇黏膜内侧划痕接种。发病羊可进行紧急免疫接种。

2. 治疗措施

由于该病具有传染性，因此首先需要将患病羊隔离出来，并且对病羊曾经活动的范围进行全面消毒，选用2%氢氧化钠消毒液进行消毒。加强对患病羊的护理，保证饮水充足、清洁，为其提供更加优质的牧草，同时增加一些牛奶、稀饭等流食。对患病羊感染部位的干硬痂皮进行清洁，首先用刀片轻轻刮掉这些硬痂皮，然后用0.2%高锰酸钾溶液进行冲洗，再在创面上涂抹上事先准备好的由甘油和冰硼散按相应比例配制成的药品，每两天重复1次，持续使用3~5 d。对情况较为严重的患病羊，可以注射板蓝根注射液和青霉素，1次/d，持续3~5 d。

四、羊焦虫病

（一）病因

羊焦虫病是一种血液寄生虫病，是由一种寄生在羊红细胞体内的原虫所引起的羊患病，病原是泰勒科的山羊泰勒焦虫和巴贝斯科的莫氏巴贝斯焦虫。

（1）山羊泰勒焦虫。这类虫体主要是在红细胞中寄生并且所具有的形状和体态是不一致的，但是大多数都是圆形和卵圆形的，除此之外，还有杆状和圆点状的，但是圆点状比较少有的。一般来说，在红细胞中所具有的虫体数大概为1~4个，并且是在淋巴结和脾脏中体现出来，除此之外，还可以在淋巴结内看到它并且是以游离状态存在的。对于虫体的繁殖体来说，具有的数目是不一致的，主要在1~90个，并且直径是非常小的只有1~2 μm，除此之外，它的染色质颗粒所呈现出来的颜色是紫红色的。

（2）莫氏巴贝斯虫。这类虫体主要在羊的红细胞中寄生。形态多样，包括椭圆形、梨子形等。梨子虫体的长度较大，大于红细胞的半径，每个虫体的染色质团块是两团。双梨子是其中最典型的，主要形态特征为尖端呈锐角连接。除此之外，这类虫体主要在红细胞的中间部分寄生，一般来说在红细胞中，都会存在着1个或2个这样的虫体。

（二）症状

羊焦虫病发病比较迅速，病羊通常表现出体温迅速升高、呼吸变得急促、体表的淋巴结发生肿大等现象，患病初期病羊会表现在食欲减退，并且精神不佳、出现疲倦，除此之外，还会经常发出呻吟声，不能够稳定站立，而且经常在地上卧着起不来，并且还会出现心跳和呼吸加快以及鼻腔和口腔内出现大量黏液等现象。其次，还会发现患病后羊体表的淋巴结肿大，且摸起来较硬。在患病后期，由于红细胞被大量焦虫吞噬，病羊明显虚弱，皮肤变黄，贫血以及皮肤溃烂，最终导致死亡。

观察已经死亡的羊，可发现其肌肉苍白，血液不凝固且较稀。同时观察体表，会发现患病羊的淋巴结肿大，而且身体各部位淋巴结的肿大程度不同，在肺部、肝部、肾部以及心脏等具有出血点，同时，患病羊的膀胱内膜也存在出血与充血现象。

（三）防治

1. 预防措施

本病防治主要以预防为主。开展羊焦虫病预防工作时，主要采用贝尼尔进行肌内注射。同时，要加强检疫，严格规范和执行检疫制度，避免从羊焦虫病的高发地区引进羊只，并且建议在冬季对羊只进行检疫，在确保了身上无山羊泰勒虫和莫氏巴贝斯虫两种寄生虫后可放入羊群饲养。另外，在疾病流行的时间段，应该经常对羊体进行检查，将灭虫工作落实到位。严格对羊群开展检疫工作，坚持自繁自养的饲养原则，避免焦虫病的发生。

2. 治疗措施

可以采用贝尼尔、黄色素治疗。其中贝尼尔按 7 mg/kg BW 使用，采用蒸馏水将其配成 7%的溶液，然后给患羊进行分点的深部肌内注射。而黄色素给病羊按 3~4 mg/kg BW 用药，配成 0.5%~1%的溶液，静脉注射速度要慢，否则药液漏到血管之外会造成组织发炎坏死。对患病羊采用药物治疗的同时还要辅以补液，以提高羊的抵抗能力。通常应用的补液主要是强心和健胃类的药物，并佐以葡萄糖来补充病羊的能量。患病羊通常会出现食欲不振、反刍减弱的现象，可以采用饲喂酵母粉来进行改善。乳酶生以及食母生等可以对病羊的胃肠环境进行调解，帮助病羊改善消化情况，防止食物在胃内的积压。在羊焦虫病的发生过程中容易引发继发感染，因此，在本病的治疗过程中可以配合使用适当的抗生素，以防止引发其他并发症，对病羊的治疗造成不利的影响。

五、羊肝片吸虫病

羊肝片吸虫病是由肝片吸虫寄生在羊肝脏和胆管道中所引发的一种常见的羊体内寄生虫病。多发生于夏季和秋季，易感染各品种、各年龄段羊群，常呈地方流行或散发流行，尤其在放牧地区发病率较高。

（一）病因

肝片吸虫这种寄生虫病主要寄生在羊的胆汁中，俗称肝水蛭病。肝片吸虫虫体大，成虫雌雄同体，鲜虫体呈棕红色、淡黄褐色，扁平柳枝形、卵形，这些是肝片吸虫较为明显的特征。肝片吸虫可分为肝片形吸虫病和巨大片形吸虫病，巨形吸虫体长可达33~76 mm，宽度在5~12 mm，它的身体两侧比较直，没有明显的肩，吸虫不仅存在于牛、羊的肝脏和胆管中，也存在于猪、兔的肝脏和胆管中，甚至存在于人体器官中，危害人体健康。

（二）症状

（1）急性型。幼虫可引起集中侵袭性腹膜炎和外伤性肝炎。多见于幼羊，表现为抑郁、食欲减退或消瘦、腹胀、偶尔腹泻、体温升高，有时突然虚脱。经常造成大量羊，特别是幼羊死亡。

（2）慢性型。发生在冬天和春天。吸虫已经在胆管里了。病情发展缓慢，通常在1~2个月体温略有上升，主要表现为消瘦、贫血、毛发粗糙无光、眼睑下垂、下颌、胸部水肿、食欲下降、便秘和下痢交替出现。3~4个月后，病情逐渐恶化，最终倒地死亡。

（三）防治

1. 预防措施

（1）预防性驱虫。预防性驱虫每年进行2次。

（2）消灭中间宿主。药物灭螺，土壤掩埋灭螺，日晒灭螺，生物灭螺。防止畜禽食用囊尾蚴，在高处干旱地区放牧和轮转。粪便进行发酵处理。

2. 治疗措施

治疗可以使用阿苯达唑片口服，用量为5~15 mg。噻苯咪唑是一种广谱驱虫药，对绵羊安全，可口服5~6 mg/kg。如果颌骨水肿严重到影响呼吸和进食，应静脉注射50%葡萄糖或通过穿刺水肿挤出液体。对于严重贫血、心律失常、呼吸困难感染的羊，应注射板蓝根、复合维生素B、维生素B_{12}、卡那霉素等，配合放血，注射4~5 d。

六、羊虱

羊虱是寄生在羊体表的一种外寄生虫病，有严格的畜主特异性，绵羊、山羊虱病在各地普遍存在，是很难消除的羊体外寄生虫病，给养畜户造成一定的经济损失。

（一）病因

（1）病原。羊虱病病原可以分为吸血虱和吸毛虱，其中吸血虱嘴细长而尖，具有吸血口器，吸吮血液。食毛虱嘴硬而扁阔，有咀嚼器，专食羊体的表层组织、皮肤分泌物及毛、绒等。雌性虱将卵产在羊毛上，白色虫卵经过2周之后就可以变成幼虫，侵害羊的机体。该种疾病可以感染任何年龄的羊，呈现地方流行特点，多发生于夏季。羊虱主要通过接触感染，患病羊和健康羊接触或者共同使用1套用具，羊舍环境较差、拥挤等都可以导致该种疾病发生。虱主要寄生在羊的背部、腹部和颈部以及四肢等部位，患病羊在瘙痒部位会不断啃咬和摩擦，造成羊毛脱落和皮肤损伤，被毛严重脱落。

羊虱是永久寄生的外寄生虫病，有严格的畜主特异性。虱在羊体表以下不完全变态方式发育，经过卵、若虫和成虫三个阶段。整个发育期约一个月。成虫在羊体上吸血，交配后产卵，成熟的雌虱一昼夜内产卵1～4个，卵被特殊的胶质黏附在羊毛上，约经2周后发育为若虫，再经2～3周蜕化三次就变成成虫了。产卵期2～3周，共产卵50～80个，产卵后即死亡。雄虱的生活期更短。一个月内可繁殖数代至十余代。虱离开羊体，得不到食料，1～10 d内死亡。虱病是接触感染的，可经过健康羊直接接触，或经过管理用具、互相接触机会增多，加之羊舍阴暗、拥挤等，都有利于虱子的生存、繁殖和传播。

（2）饲养管理不当。配合饲料种类少，缺少维生素和微量元素。长期在这样的条件下饲养，易发生营养缺乏症。另外羊舍环境差，很容易滋养羊虱。

（二）症状

羊虱寄生在羊体表，可引起皮肤发炎、剧痒、脱皮、脱毛、消瘦和贫血等。病羊皮肤发痒，精神不安，常用嘴咬或蹄踢患部，并喜靠近墙角或木柱擦痒。寄生羊虱久者，患部羊毛粗乱、易断或脱落，患部皮肤变粗糙起皮屑，久之因吃、睡不好而消瘦、贫血、抵抗力下降，并引起其他疾病，造成死亡。

（三）防治

1. 预防措施

经常保持圈舍卫生干燥，对羊舍及所接触的物体用0.5%～1%敌百虫溶液喷洒。由外地引进的羊必须先经检疫，确定健康再混群饲养。

2. 治疗措施

治疗羊虱夏季可进行药浴，如天气较冷时可用药液洗刷羊身或局部涂抹。晚秋药浴十分重要，一定要做好，同时要保持舍内的卫生和干燥，不准引入带病原的其他羊。驱虫药物均有一定的毒性，驱虫应在兽医人员的指导下进行，防止发生羊的中毒。

第三节　鹿常见疾病的防治

一、鹿坏死杆菌病

鹿坏死杆菌病是由于感染严格坏死梭菌而发生的一种顽固性、慢性传染病，主要是导致蹄部、四肢皮肤、深部组织以及消化道黏膜等出现坏死性病变，恶性发病时，会造成口腔、食管感染，还能够转移至柔软组织，引起坏死型肝炎和肺炎；若阴道和子宫发生感染，就会使孕鹿和刚分娩母鹿出现恶性发病，发生流产。只要鹿场感染发病，会对鹿的各种产品生产早还造成严重影响，尤其是发生死亡，损害饲养经济效益。

（一）病因

鹿坏死杆菌病是由于感染严格厌氧性的坏死杆菌而发生一种慢性传染病。该菌是一种革兰氏阴性杆菌，早在 1932 年便有分离到坏死杆菌的纯培养物，可分成球状、杆状和丝状杆菌，不具有荚膜。菌体分泌的毒素能够导致组织发生水肿坏死，并具有溶血作用。该菌在全世界分布极广，如在饲养场、被污染的土壤、沟塘、沼泽中都存在菌体，其中土壤中的菌体可存活大约 30 d。鹿通常是由于皮肤黏膜损伤感染菌体而出现发病，主要是蹄部易感，还可经由口腔黏膜感染。坏死杆菌抵抗力不强，60℃/30 min 及 100℃/1 min 即可杀死此菌。2.5%福尔马林、1∶10 000 雷夫诺尔、5%来苏尔 10~15 min 内均可将其杀死。

鹿的坏死杆菌病最常发生于夏秋两季，主要是因为这两个季节常泥泞不堪，不良环境容易滋生病原菌。由于鹿舍场地凹凸不平，硬度过高，特别是地面有裂隙时，如果鹿发生蹄部损伤，更易感染本病。公鹿因配种争偶或锯茸挣扎致体表和蹄部受伤、昆虫刺蜇以及仔鹿脐炎时，也可发生感染。梅花鹿、马鹿和水鹿对坏死杆菌都十分敏感。通常，本病以地方流行形势出现。

（二）症状

鹿患本病时，多为慢性病程，但也有于数日内即死亡的急性病例。临床上本病以蹄部的变化为最多。当蹄部遭受机械性损伤致其外层组织的完整性受到破坏时，坏死杆菌侵入蹄部组织，引起组织的炎症和坏死；随着病程的发展，皮下组织也受到损害而出现蜂窝织炎。因此，在本病的初期，患鹿即出现跛行，检查时可见蹄叉及蹄冠等处肿胀、灼热且触压敏感，蹄冠皮肤明显肿胀；大多数病鹿的患处皮肤发生坏死，严重时皮下组织出现坏死溃烂，并有灰棕色或者灰黄色的脓汁流出，并散发恶臭味。尤其在公鹿的鹿茸皮肤发生感染坏死。部分病鹿发生严重的口炎，可见唇、齿龈以及颚部黏膜形成溃疡；部分会呼出恶臭味气体，排出混杂泡沫的稀粪，且尿液中带脓，体温明显升高，往往可超过40℃。如果没有及时进行治疗，病鹿最终体质衰弱，卧地不起，并发生死亡。有些哺乳仔鹿也能够感染发病，主要症状是肛门四周出现半透明状的疱疹样炎症，破溃后会导致深部形成溃烂，且往往在7~10 d内发生死亡。

（三）防治

1. 预防措施

（1）加强管理。鹿场一旦发现本病，要迅速隔离病鹿，并对鹿舍场地进行消毒。平时注意避免运动场及鹿舍的地面硬度不能过高、有裂隙和低地积水，注意鹿蹄清洁，在配种及锯茸季节防治公鹿发生意外，鹿有外伤时要及时处理，定期喷洒药剂消灭刺螯昆虫。一些资料指出鹿的坏死杆菌病的发生与其抵抗力降低有直接关系，本病多发生于天气炎热、吸血昆虫活动猖獗和饲养管理不当的时候。

（2）免疫预防。预防和控制该病最有效的措施是对健康鹿使用坏杆菌疫苗进行免疫接种，且最好坚持每年都进行免疫，促使整个鹿群的抗坏死杆菌病的免疫水平维持在较高水平，从而减少该病的发生。一般来说，每头成年鹿接种4 mL疫苗，每头幼龄鹿接种2 mL疫苗。通常采用耳后根颈部皮下注射，且注射前要对接种部位使用75%酒精进行消毒。鹿一般适宜在锯茸期或者配种前3~4周进行免疫接种。要求成年鹿和仔鹿每年进行1次常规免疫；配种公鹿、母鹿每年适宜进行2次，免疫保护期可持续6个月。

2. 治疗措施

病鹿保定后按每100 kg体重注射1.0~1.5 mL眠乃宁注射液，经过5~8 min即可倒地陷入沉睡，并能够持续2~4 h。接着将患处的脓汁和坏死组织清除干净，使用消毒液（0.1~0.2%高锰酸钾、3%~5%双氧水或0.5%~1.0%氯胺）对脓疮和坏死灶进行充分冲洗；当创面小时，可涂擦雷夫诺尔、5%~10%碘仿软膏、磺胺等；当创伤面深时，可使用抗生素、氯仿、磺胺或者硫酸铜和硼酸按1：2组成的混合物等进行处理，每3~5 d用药1次，直至康复。另外，当病鹿肢末端发生坏死时，可在跖骨处使用20~50 mL 0.5%~1.0%普鲁卡因（添加有适量青霉素）进行封闭治疗。在创面上撒等量硼酸粉末和碘仿组成的混合物，二者都能够杀菌消毒。最后敷上药棉，并包扎绷带，确保在下次用药前不会脱落，可使用10%鱼石脂酒精浇在绷带上。

二、鹿肠血症

鹿肠血症是一种发病急、死亡快的急性病，其多呈散发或地方流行性，具有明显的季节性和条件性。由于其死亡快，给治疗和预防带来了很大的困难。

（一）病因

鹿肠毒血症暴发具有明显季节性和条件性，每年6—10月多发。病原体魏氏梭菌适宜生长于潮湿闷热、阴雨连绵的环境中，其芽孢体在适宜条件下可重新在土壤、粪便、污水中转变为魏是梭菌。正常条件下，当鹿采食少量该菌时，细菌繁殖缓慢，毒素积累量少而被机体正常代谢。但鹿群在圈舍地面泥泞积水、饲料饮水不卫生，或长期饲喂干粗饲料而突然变换为青绿多汁饲料，过度饲料精料、掺有霉变饲料时，瘤胃内消化纤维素的菌群被破坏，食物过度发酵产酸，pH值常低于4.0. 肠道内毒素积聚不能即使排出，进而导致本病爆发。据统计，膘肥体壮、食量大的鹿比瘦弱体小、食量小的鹿更易得本病。

（二）症状

病鹿初期多表现为精神萎靡，离群寡居，眼结膜潮红，呼吸心跳增速，鼻镜稍干，食欲废绝，反刍停止，口鼻常伴有粉白色泡沫样液体等症状。后期表现为肌肉震颤，磨牙流涎，有疝痛症状，站立不稳，个别鹿只回头望腹，踉跄倒地，最终抽搐死亡，病程在数小时到2~3 d不等。

死鹿尸僵完全，腹部膨大，可视黏膜充血。剖检皮下组织浆液浸润，心包膜可见大小不同出血点，真胃变化明显，胃底和幽门部黏膜脱落，呈紫红色，有大面积出血斑，严重可致坏死状态。肠黏膜和盲肠可见条状出血斑，小肠外观呈“灌血肠样”，剖开后有大量红紫色黏液流出。淋巴结水肿，脾脏肿大，有出血点，边缘钝圆。肾脏稍大，变软。肝稍肿大，偶见灰白色坏死灶和出血点。

（三）防治

1. 预防措施

（1）加强饲养管理。保持鹿舍干燥，防止饲草和饮水被污染。严禁将饲草投放到地面，尤其是高温多雨的夏季。要将饲草切碎放入到饲槽内饲喂。保证饲料质量及营养物质的适宜搭配是预防鹿肠毒血症的重要因素。不得从低洼处割掉水草喂鹿，因低洼处水草常被芽孢杆菌污染。饲草不宜含水太多，要晒干后饲喂。在夏季多雨季节，过量饲喂含蛋白质高的饲草易导致本病的发生，所以要控制好饲喂量。

（2）疫苗免疫。在该病常发生的鹿场，可于早春季节接种疫苗。可选用魏巴氏二联苗，鹿皮下注射 5 mL，免疫期 6 个月；成年鹿皮下注射 10 mL。当本病发生时，可对未发病的鹿紧急接种疫苗，对发病的鹿注射肠毒血症高免血清，1 日 3 次，同时静脉注射 10%葡萄糖进行补液。发病后对鹿进行隔离治疗，对鹿舍及周边地区撒生石灰进行消毒，饲具用消毒液浸泡消毒防治该病的蔓延，减少该病带来的损失。

2. 治疗措施

该病发病急、死亡快，绝大部分病鹿出现症状到死亡几分钟或几十分钟。虽然对某些菌株筛选出了敏感药物，但往往来不及治疗病鹿就已经死亡。对病情较长的鹿和受威胁的鹿群可采取消炎抑菌和对症疗法。可大剂量注射青霉素和磺胺类药物，并采用强心、解毒和补液治疗。

第四节　骆驼常见疾病的防治

一、骆驼脓肿病

（一）病因

骆驼脓肿病是由假结核棒状杆菌（*O. pseudotuberculesis*）引起的一种慢性传染病，它可以引起马溃疡性淋巴管炎、羊干酪性淋巴结炎、牛细菌性肾盂肾炎、幼驹传染性支气管肺炎等疾病。主要经口腔、皮肤创口（去势、扎鼻棍、食柠条、锦鸡儿等带刺植物）呼吸道引起感染而发病。

（二）症状

病初可见骆驼咳嗽，触摸肺区有痛感，此时常伸颈，采食出现障碍，呈腹式呼吸；无咳嗽症状的骆驼有异样表现时，触摸肝区或压迫腰部均有痛感。病变在内脏的骆驼，最终以呼吸困难、口吐白沫或食欲减退、废绝、贫血、消瘦而死亡。病变部位出现在肌肉的骆驼，腿部发生脓肿的初期，脓肿可由鸡蛋大发展到皮球大，由硬变软，切开可流出 2~3 kg 脓汁，最终跛行。其他各部肌肉均有脓肿形成，有的呈串珠状，有鸽蛋到鸡蛋大小。

（三）防治

对病驼停止放牧，及时隔离治疗，早期脓肿只在体表，可采用外科手术切开脓肿排出脓汁，散布消炎药同时注射抗生素，每天 1 次直至伤口愈合。后期病例内脏器官也出现脓肿，一般抗菌药物治疗效果均不佳。对圈舍进行定期消毒；对病死骆驼深埋处理；将健康骆驼转至远离疫点的草场划区放牧，加强饲养管理，搞好环境卫生，定期进行临床检查，发现病驼立即隔离治疗。

第十章

反刍动物产品与人类健康

反刍动物具有将低质量牧草转化为高质量肉类和奶制品的独特能力，是可持续农业系统发展的关键。可以通过放牧使不可耕种的土地变得多产，并可以利用作物残余物和副产品作为饲料来源，为食用动物生产增加巨大的价值。

第一节　乳制品与人类健康

乳制品又叫奶制品，是指以乳（或奶）为主料，添加或不添加允许使用的食品添加剂或食品营养强化剂等辅料，经加工制得的产品。乳制品含有乳蛋白、乳脂肪、乳糖、矿物质、维生素及水分在内的超过100种的营养成分，其中乳蛋白是一种完全蛋白质和最佳蛋白质，人体吸收利用钙的最好形式是钙与蛋白质相结合的方式，因此乳制品被推荐为蛋白质和钙的最佳来源。伴随持续的技术创新和产品研发升级，乳制品市场整体呈现向高品质、好营养、强功能发展的趋势。首先乳制品营养成分的不断优化，诸如0糖、0添加、0乳糖、低脂脱脂、高蛋白、高钙等，以及各种维生素矿物质的添加，均可帮助消费者满足大健康的需求；其次，目前酸奶市场各乳企都在积极引进菌种，细化功能需求，研发自有菌种。菌种的研发升级可以满足不同消费者的多元化功能性需要。另外，超巴氏技术、膜过滤技术使得低温巴氏奶能够保留更多活性成分，令其口感更优、营养更好，推动整个低温巴氏奶行业的升级。

一、促进机体免疫调节

乳制品可以水解成人体必需氨基酸和具有免疫活性的肽段，如免疫球蛋白、酪蛋白、乳铁蛋白、乳清蛋白酶水解物等活性物质，刺激免疫细胞增殖，进而提高食用者的免疫力。发酵乳可以增加肠道内的IgA数量，刺激机体产生更多的抗体从而预防和缓解致病菌对肠道的感染，提高食用者肠道的免疫力。乳制品中的酪蛋白可以促进特异性抗体合成，作用温和，而不会像免疫增强药物那样对人体平衡产生强烈的刺激。乳制品中的乳铁蛋白也可以刺激胃肠道产生特异性抗体，进而增强胃肠黏膜中巨噬细胞的作用，同时乳铁蛋白能专一结合自然杀伤细胞DNA，刺激某些特定基因启动翻译，增强食用者对致病微生物的抵抗能力，可作为天然的抗致病菌的第二道防线。低浓度的乳清蛋白酶水解物也可以促进脾细胞增殖，提高机体的免疫活性。许多组分还可以同时促进机体免疫调节，如乳铁蛋白可以联合过氧化物酶来减弱对γ-干扰素合成抑制作用，促进胃肠道内高效的抗病毒生物活性物质的合成。β-乳球蛋白对脂肪酸、磷脂和芳烃族化合物具有很强的结合亲和力，这些分子与β-乳球蛋白结合后可以发生生物学活性的改变，实现抗菌活性的改变，有效预防由细菌感染引发的疾病。β-乳球蛋白可以通过NF-κB途径介导胸腺基质淋巴细胞生成素产生，从而呈现其在免疫系统中的功能，并能潜在改善机体的健康状况，增强免疫力。

二、促进机体营养均衡

乳是哺乳动物为哺育子代而由乳腺分泌的特有物质，是哺乳动物出生后赖以生存与发育的完美食物。乳中含有丰富的优质蛋白质、脂肪、乳糖、矿物质、维生素，并且富含多种功能蛋白及小分子活性物质，可提供生命初期的全面营养支持，同时，免疫球蛋白等物质对子代获得先天性免疫具有较大贡献。乳与健康密切相关。牛乳、羊乳等对人类健康发挥重要作用。人类食用牛、羊乳及其制品的历史悠久，在营养物质匮乏的古代及近代时期，乳及乳制品无疑是营养价值最全面的食物。公元前2350年的埃及壁画中就出现了奶农挤奶饮用的场景。我国自西周起，人们开始广泛食用乳制品，并在唐、宋时期达到高峰。乳制品可以通过营养调整和营养强化的方式满足不同消费群体的需求，如脱脂奶中混合维生素A、维生素D和维生素E及必需氨基酸可以降低由于乳脂缺失造成的营养损失，且乳制品中钙、铁和锌等矿物质还能补充膳食营养，促进机体营养均衡。肥胖人群或糖尿病患者可以饮用低糖、低碳水化合物的乳蛋白饮料。而免疫功能低下者可以选择含有丰富糖肽的乳制品来促进机体免疫调节。牛乳中的活性肽被加工和开发成多种保健食品，且乳制品中的保健物质种类、含量都可控，如在奶牛日粮中添加富含亚油酸（Conjugated linoleic acid，CLA）的葵花籽油，其乳汁中的CLA含量会显著增加，消费者饮用富含 CLA 的液态乳，可以提高机体抵抗癌症的能力，改善膳食营养平衡。

三、降低心脑血管等疾病风险

心血管疾病是全球的头号死因，我国心脑血管疾病死亡人数占总死亡人数的 40%，且患病率持续上升。乳和乳制品含有饱和脂肪酸，长期以来饮食专家推荐食用低脂或脱脂牛奶。然而，大量前瞻性队列研究和随机对照试验的荟萃分析显示，无论全脂还是低脂乳制品，都不会对心血管疾病的发病风险产生不利影响，适度摄入乳制品特别是牛奶和酸奶，反而会降低心血管疾病的发病风险。乳制品对心血管疾病的积极作用可能与乳蛋白、脂肪酸、发酵乳制品中的益生菌等组分及加工方式等因素有关。研究表明，乳清蛋白中的 β-乳球蛋白是一种具有抗氧化功能的物质，其游离半胱氨酸对抗氧化活性的发挥具有重要作用，它能够缓解败血病患者出现的抗氧化剂大量消耗、一氧化氮过量产生、线粒体功能障碍和 ATP 浓度降低的症状，从而降低危重患者的死亡率。另外，β-乳球蛋白还可以通过其配体结合位点来携带其他具有抗氧化功能的物质进入体内，以增强其抗氧化功能，使得乳制品通过其抗氧化活性在心脑血管疾病中发挥重要作用。乳制品中的钙、钾、镁元素比例均衡，其钙质比其他来源的钙质更容易降压，且丰富的乳蛋白水解酶可以促进降压活性肽的合成，有利于预防心血管疾病。乳制品富含乳清蛋白和酪蛋白，这些营养物质进入胃肠道水解后可以转化为血管紧张素转换酶抑制肽的前体物质，对于预防缺血性中风或高血压疾病具有重要意义。除了降压活性外，乳制品还可以促进血凝块溶解，降低人体凝血的风险，因此每天饮用 1 杯以上的液态乳或者食用富含钙、钾、镁的乳制品可以降低高血压和中风风险。同时，发酵乳中的益生菌可以增加胃肠道内有益菌群的数量，加速短链脂肪酸的合成，提高胆汁酸的排出，降低血液胆固醇含量，从而降低人体心血管疾病的风险。

第二节　肉制品与人类健康

肉类食品是富有营养的动物性食品之一，是供给人体必需氨基酸、必需脂肪酸、无机盐和维生素的重要来源。肉类食品吸收率高，滋味鲜美、饱腹感强，含有多种风味物质，不但营养丰富，而且可以做成各种佳肴。因此近年来备受人们的关注。

蛋白质是生命的物质基础，没有蛋白质就没有生命。食入的蛋白质在体内经过消化被水解成氨基酸被吸收后，重新合成人体所需蛋白质，同时新的蛋白质又在不断代谢与分解，时刻处于动态平衡中。因此，食物蛋白质的质和量、各种氨基酸的比例，关系到人体蛋白质合成的量，尤其是青少年的生长发育、孕产妇的优生优育、老年人的健康长寿，都与膳食中蛋白质的量有着密切的关系。肉中最有营养价值的营养素是蛋白质，平均含量为10%～20%，并且含量非常丰富，氨基酸组成又符合人体的需要，是优质蛋白质的良好来源。

肉类食物是人类获取B族维生素、维生素A、生物素及叶酸的主要来源。在肉类食物中，动物内脏中的B族维生素以及肝脏中的维生素A的含量更是异常丰富，是人体获取这些维生素的重要途径之一。此外，动物肝脏中的微量元素硒，能增强人体免疫力，具有抗氧化、抑制衰老与肿瘤细胞产生的功能。

动物肉类脂肪，多积聚于皮下、肠网膜、心、肾周围结缔组织及肥肉之中，其含量因动物种类、育肥情况而有很大差别，通常平均含量为10%～30%。而且赋予食物特有的香味和润滑的口感。但是脂肪中含有大量的不饱和脂肪酸和胆固醇，会影响人体健康。

第三节　其他产品与人类健康

牛鞭富含雄激素、蛋白质、脂肪，可补肾扶阳，主治肾虚阳萎、遗精、腰膝酸软等症，此外，牛鞭的胶原蛋白含量高达98%，也是女性美容驻颜首选之佳品。牛胆具有清肝明目，利胆通肠，解毒消肿的作用。主要治疗风热目疾、腹热渴、黄疸、咳嗽痰多、小儿惊风、便秘、痈肿、痔疮的症状。牛黄可用于解热、解毒、定惊。内服治高热神志昏迷、癫狂、小儿惊风、抽搐等症，外用治咽喉肿痛、口疮痈肿、尿毒症。牛肝有养血，补肝，明目的功效。主要用于治疗血虚萎黄，虚劳羸瘦，青盲，雀目的症状。味甘，性平。能补肝明目，养血。用于肝血不足、视物不清、夜盲症及血虚萎黄等症。牛脾有健脾消积的功效。主要治疗脾胃失健、消化不良、食积痞满的症状。牛肾味甘，咸，性平。补肾益精强腰膝，有止痹痛的功效。主要治疗虚劳肾亏、阳痿气乏、腰膝酸软、湿痹疼痛等症状。牛脑气味甘，温，微毒。

主要用于治疗吐血咯血、五劳七伤、偏正头痛、脾积痞病、气积成块等症状。

羊肝有养肝明目之功效，为肝与目疾良药。从古至今，凡患夜盲症、眼干燥症、视物昏花症，均以羊肝为治疗药物。羊肾、羊睾丸性温，能补肾、益精、助阳，可治虚损盗汗、肾虚阳痿、消渴、小便频繁、腰痛劳伤、下焦虚寒和睾丸肿疼等症。羊血指羊的干燥血块，呈黑色或棕黑色，性平味咸。能行血、止血和解毒，治产后血淤、血闷、胎衣不下，解丹石毒和野菜中毒。羊角性寒味咸，有镇惊、安心、明目、平肝、益气的功效，适用于头昏目眩、惊风癫痛、高热昏、头疼目赤、惊悸抽搐等症。以羚羊角为最好。但其药价昂贵，且药源又少，故现在临床多用羊角代替功效大致相同，但药力较弱，用时需加大剂量。羊胆性味苦寒，能清热解毒、明目退翳。可治夜盲、目有云翳、咽喉肿痛等。羊骨味甘性温，具有治风湿痛的功效。

鹿茸为雄性梅花鹿或马鹿未骨化的幼角，外被茸毛，分别称为花鹿茸、马鹿茸。目前，鹿茸作为一种名贵的中药材，已被广泛应用于我国中医、中药、生物制药、保健药品、保健食品等行业中，具有保护骨骼、保护神经系统、抗心肌损伤、抗肿瘤、降糖降脂、抗炎症、增强免疫、抗氧化、抗疲劳、改善性功能等多种药理作用。鹿血，为鹿科动物梅花鹿或马鹿的膛血或茸血。鹿血不仅在中国有着悠久的食用历史，还有很强的药用价值，鹿血饮片具有许多活性成分，在治疗血液疾病和肿瘤方面具有一定疗效，临床中也有报道，在改善贫血、调节免疫、抗疲劳、改善性功能等方面具有多种保健作用。鹿鞭，又名鹿肾或鹿冲，是一味名贵中药材，为雄性梅花鹿或马鹿生殖器官的干燥品。《中药大辞典》中记载鹿鞭其味甘、咸，性温，无毒，归肝、肾、膀胱三经；具有补肾、壮阳、益精、活血之功效，主治劳损、腰膝酸痛、肾虚、耳聋耳鸣、阳痿、宫冷不孕等症。鹿胎为梅花鹿或马鹿的母鹿在妊娠期剖腹取得的整个子宫。鹿胎是传统的名贵滋补品，用于肾虚经亏，体弱无力，经血不足，妇女虚寒，月经不调，崩漏带下，久不受孕等症。鹿筋为梅花鹿或马鹿四肢筋的干燥品。鹿筋具有壮筋骨、治劳损、风湿性关节炎、转筋等作用。鹿肉脂肪含量比牛羊肉低，含胆固醇少，是营养价值很高的食品。鹿皮除做服装外还是高档光学仪器的擦拭材料，鹿的全身都是宝。

骆驼峰被人们视为酒宴中的“八珍之一”。骆驼峰有高含量的α-亚麻酸和 CLA，在食品行业中，CLA 可作为一种新型减肥食品添加剂。CLA 进入细胞的磷脂薄膜，使营养从脂肪细胞反复运输到运动组织细胞内，从而减少了体内脂肪沉积，并增强机体代谢，使肌肉更加富有弹性。CLA 的钠盐和钾盐具有抑制真菌生长的作用，无毒副作用，是化妆品、食品、饲料的理想抑菌防腐剂，并可以起到良好的保健作用。因此，骆驼峰具有开发营养强化保健食品、药品和化妆品的良好条件。骆驼掌即四只大似蒲团的软蹄。因为它是骆驼躯体中最活跃的组织，故其肉质异常细腻富有弹性，似筋而更柔软。骆驼掌营养丰富，含有蛋白质、脂肪、胶质等营养素，特别适于乳母、儿童、青少年、老人和久病体虚人群食用。骆驼掌还有丰富的胶原蛋白，脂肪含量也比肥肉低。骆驼掌中丰富的胶原蛋白能防止皮肤干瘪起皱，增强皮肤弹性和韧性，对延缓衰老和促进儿童生长发育都具有特殊意义。

参考文献

白元生，姚倩倩，焦光月，等，2015. 犊牛的饲养与管理技术［J］. 中国牛业科学，41（3）：55-57.

包文龙，2020. 牧区牦牛养殖关键技术分析［J］. 兽医导刊（15）：95.

卞大伟，肖爱波，2019. 鹿肠毒血症临床诊治研究进展［J］. 新农业（17）：2.

曹志勇，杨秀娟，黄伟，等，2016. 泌乳奶牛能量需要模型的研究进展［J］. 饲料工业，37（17）：22-25.

陈福，2016. 刍议育成牛的饲养管理［J］. 科学种养（3）：123.

陈浩，敖日格乐，王纯洁，等，2018. 慢性冷热应激对蒙古牛血清内分泌激素及抗氧化指标的影响［J］. 黑龙江畜牧兽医（23）：87-89.

陈清华，贺建华，2003. 奶牛微量矿物元素的营养需要［J］. 中国奶牛（1）：20-24.

陈晓磊，2021. 鹿坏死杆菌病的临床症状，实验室诊断和防治措施［J］. 现代畜牧科技（8）：2.

董树华，2010. 体细胞克隆牛生产及新生犊牛护理［D］. 呼和浩特：内蒙古农业大学.

杜忍让，2004. 奶牛微量元素需要量及中毒量［J］. 黄牛杂志（1）：40-42.

范玉芳，才木德，1999. 骆驼脓肿病的诊断与防治［J］. 中国兽医科学（10）：38-39.

冯仰廉，2004. 动物营养学［M］. 北京：科学出版社.

甘肃农业大学牧医系兽医教研组，阿拉善右旗畜牧兽医工作站，1977. 骆驼消化系统的解剖［J］. 甘肃农业大学学报（2）：21-41.

刚组，2017. 浅谈奶牛的饲养管理与疾病防治措施［J］. 畜牧兽医科学（电子版）（4）：16-17.

顾宪红，2011. 动物福利和畜禽健康养殖概述［J］. 家畜生态学报，32（6）：1-5.
韩小东，2009. 犊牦牛维持能量需要量研究［D］. 西宁：青海大学.
韩晓林，2014. 奶牛各阶段的饲养管理［J］. 畜牧兽医科技信息（12）：29-29.
郝力壮，刘书杰，胡令浩，等，2020. 牦牛营养需要量与饲草料营养价值评价研究进展［J］. 动物营养学报，32（10）：4725-4732.
郝力壮，刘书杰，吴克选，等，2011. 玛多县高山嵩草草地天然牧草营养评定与载畜量研究［J］. 中国草地学报（1）：84-89.
郝力壮，王万邦，王迅，等，2013. 三江源区嵩草草地枯草期牧草营养价值评定及载畜量研究［J］. 草地学报（1）：56-64.
郝力壮，吴克选，王万邦，等，2013. 牦牛妊娠后期补饲对其失重和犊牛生长发育的影响［J］. 吉林农业科学（4）：56-58.
何恩旺，1994. 羊的全身都是宝［J］. 农家科技（3）：29.
贺忠勇，靳文仲，2009. 培育青年牛与育成牛应注意的问题［J］. 山东畜牧兽医，30（7）：35-35.
胡令浩，1997. 牦牛营养研究论文集［M］. 西宁：青海人民出版社.
胡图雅，斯琴，乌力吉，等，2001. 骆驼脓肿病的诊治［J］. 黑龙江畜牧兽医（10）：31.
胡艳红，颜鑫，雷燕，等，2021. 鹿茸的化学成分、药理作用与临床应用研究进展［J］. 辽宁中医药大学学报，23（9）：47-52.
黄文明，2014. 围产前期日粮能量水平对奶牛能量代谢和瘤胃适应性影响的研究［D］. 北京：中国农业大学.
黄雅琼，陈静波，石德顺，2006. 青年母牛在发情周期中卵泡发育波变化规律的研究［J］. 中国畜牧兽医，33（12）：54-56.
计成，2008. 动物营养学［M］. 北京：高等教育出版社.
姜海春，罗生金，2020. 舍饲圈养骆驼饲养与繁殖技术［J］. 黑龙江动物繁殖，28（3）：53-55.
李德发，2003. 中国饲料大全［M］. 北京：中国农业出版社.
李光玉，高秀华，郜玉钢，2000. 鹿蛋白质营养需要研究进展［J］. 经济动物学报（2）：58-62.
李光玉，杨福合，2010. 鹿营养需要及饲料利用研究进展［J］. 饲料工业（S2）：20-23.

李杰，2010. 鹿的矿物质营养需要［J］. 当代畜禽养殖业（5）：52.
李金容，刘新，罗炎容，等，2017. 犊牛饲养管理和常见疫病防控［J］. 农业开发与装备（12）：195-195.
李来平，2010. 犊牛饲养管理关键技术［J］. 畜牧兽医杂志，29（1）：73-74.
李来平，2010. 育成牛的饲养管理技术［J］. 畜牧兽医杂志，29（2）：78-79.
李林，朱锦涛，关北石，2021. 畜禽健康养殖技术和模式探讨［J］. 吉林畜牧兽医，42（3）：101+104.
李世芳，王运涛，刘建成，等，2017. 围产期奶牛饲养管理技术要点［J］. 养殖与饲料（12）：29-30.
李万栋，2016. 铁、锌、硒对牦牛瘤胃发酵、生长性能及血液生化指标的影响［D］. 西宁：青海大学.
李霞，金海，薛树媛，2007. 我国骆驼的饲养现状与展望［J］. 畜牧与饲料科学（3）：72-74.
李欣，2018. 奶牛不同时期的饲养管理［J］. 畜牧兽医科技信息（7）：1.
李亚茹，2016. 生长期牦牛钙磷需要量的研究［D］. 西宁：青海大学.
李洋，2017. 泌乳期奶牛阶段性饲养管理［J］. 中国畜禽种业（6）：1.
刘春清，2014. 育成牛的饲养与管理［J］. 中国畜牧兽医文摘（11）：68-68.
刘刚，2015. 妊娠母牛的接产和助产技术［J］. 中国牛业科学，42（6）：89-91.
刘建平，2021. 种公羊和母羊的饲养管理技术［J］. 畜牧兽医科技信息（10）：124.
刘清锋，2020. 3～4 月龄犊牛蛋白质需要及反刍动物瘤胃发育研究［D］. 金华：浙江师范大学.
刘艳辉，李树德，王守山，等，2017. 探讨成年梅花公鹿饲养管理措施［J］. 吉林畜牧兽医，38（2）：40-42.
刘玉贤，2018. 断奶犊牛饲养管理措施［J］. 中国畜禽种业，14（5）：94.
刘忠琛，崔超，2002. 育成奶牛饲养管理要点［J］. 小康生活（12）：33-34.
龙淼，邢欣，张日和，等，2009. 围产期奶牛生产性疾病研究进展

[J]. 中国奶牛 (4): 35-38.
楼灿, 2014. 杜寒杂交肉用绵羊妊娠期和哺乳期能量和蛋白质需要量的研究 [D]. 北京: 中国农业科学院.
卢智文, 1998. 马鹿的营养需要 [J]. 饲料研究 (7): 38-39.
罗朝阳, 2009. 犊牛与青年牛饲养管理技术 [J]. 畜牧兽医科技信息 (5): 39-39.
马松成, 陈静, 毛华明, 2007. 瘤胃微生态系统 [J]. 中国畜牧兽医 (1): 31-34.
马学武, 1995. 奶牛铁铜锌锰 4 种微量元素营养 [J]. 中国奶牛 (6): 16-18.
马仲华, 2002. 家畜解剖学及组织胚胎学 [M]. 第 3 版. 北京: 中国农业出版社.
米娜瓦尔·阿不都热西木, 2021. 骆驼常见病的治疗措施 [J]. 畜牧兽医科技信息 (2): 2.
莫宏坤, 2001. 母牛的妊娠诊断 [J]. 广西畜牧兽医 (3): 15-17.
莫玉宝, 2016. 犊牛的护理及饲养管理 [J]. 中国畜牧兽医文摘, 32 (8): 72.
穆阿丽, 2006. 肉牛生长期能量和蛋白质代谢规律及其需要量的研究 [J]. 泰安: 山东农业大学.
潘浩, 2020. 牦牛妊娠期和泌乳期蛋白质营养需要量及消化代谢的研究 [D]. 西宁: 青海大学.
祁茹, 林英庭, 2010. 日粮物理有效中性洗涤纤维对奶牛营养调控的研究进展 [J]. 粮食与饲料工业 (5): 52-55.
祁维寿, 张保德, 2020. 牦牛饲养管理技术分析 [J]. 中国畜禽种业, 16 (9): 126.
钱文熙, 高秀华, 2020. 茸鹿营养需要量及其消化生理特性研究进展 [J]. 动物营养学报, 32 (10): 4770-4778.
强热吉, 2017. 泌乳期奶牛的饲养管理及注意事项 [J]. 畜禽业, 28 (8): 69, 71.
秦光彪, 2019. 围产期奶牛易出现的问题与饲养管理 [J]. 现代畜牧科技 (12): 34-35.
秦立波, 2018. 犊牛饲养管理技术 [J]. 养殖与饲料 (5): 29-30.
邱东川, 2013. 奶牛泌乳期的饲养管理措施 [J]. 畜牧兽医科技信息

（8）：51-52.
赛音娜，2015. 犊牛饲养管理技术要点［J］. 畜牧与饲料科学（4）：89-90.
单超，张云洲，2012. 奶牛饲养管理应注意的问题［J］. 现代畜牧科技（6）：23-23.
邵广，2016. 规模化奶牛场后备奶牛精细化养殖措施［J］. 中国乳业（9）：39-41.
宋继刚，高国辉，王俊江，2011. 奶牛育成期不同阶段的饲养管理措施［J］. 现代畜牧科技（11）：18-18.
苏华维，曹志军，李胜利，2011. 围产期奶牛的代谢特点及其营养调控［J］. 中国畜牧杂志，47（16）：44-48.
孙鹏，等，2018. 犊牛饲养管理关键技术［M］. 北京：中国农业科学技术出版社.
孙鹏，等，2019. 后备牛饲养管理关键技术［M］. 北京：中国农业科学技术出版社.
孙鹏，等，2020. 泌乳牛饲养管理关键技术［M］. 北京：中国农业科学技术出版社.
孙鹏，等，2020. 围产期奶牛饲养管理关键技术［M］. 北京：中国农业科学技术出版社.
孙鹏，等，2021. 奶牛健康养殖关键技术［M］. 北京：中国农业科学技术出版社.
孙树峰，2015. 提高母牛繁殖性能的措施［J］. 现代畜牧科技（12）：49-49.
孙永泰，2017. 母牛的妊娠和分娩［J］. 四川畜牧兽医，44（4）：43-43.
王安，等，2003. 微量元素与动物生产［M］. 哈尔滨：黑龙江科学技术出版社.
王春华，2017. 围产期奶牛饲养管理［J］. 四川畜牧兽医，44（9）：40-41.
王根林，2000. 养牛学［M］. 北京：中国农业出版社.
王国谨，杨凤兰，杨先敏，等，1994. 补饲微量元素对奶牛生产性能的影响［J］. 河南农业大学学报（4）：275-277+287.
王洪宝，2010. 提高奶牛干物质采食量的几项措施［J］. 养殖技术顾问

（6）：46-47.
王建平，2005. 引入澳大利亚黑白花奶牛矿物质元素补饲模式的研究［D］. 长春：吉林大学.
王洋，曲永利，2014. 后备奶牛不同生长发育阶段营养需要的研究进展［J］. 黑龙江八一农垦大学学报（1）：40-45.
韦人，史宁花，杨莉萍，等，2016. 规模奶牛场怎样养好育成牛和青年牛［J］. 今日畜牧兽医（11）：62-63.
吴克选，2007. 幼年牦牛半舍饲饲养管理规范［J］. 中国牛业科学（4）：78-79.
辛国省，2010. 青藏高原东北缘土草畜系统矿物质元素动态研究［D］. 兰州：兰州大学.
徐桂红，2017. 绵羊对重要矿物质营养需要的分析［J］. 现代畜牧科技（6）：60.
薛白，柴沙驼，刘书杰，等，1994. 生长期牦牛蛋白质需要量的研究［J］. 青海畜牧兽医杂志（4）：1-4+45.
薛艳锋，2016. 铜、锰、碘对牦牛瘤胃发酵、血液指标及生长性能的影响［D］. 西宁：青海大学.
闫俊彤，张吉贤，李金辉，等，2021. 舍饲肉用绵羊干物质采食量预测模型构建及评估［J］. 动物营养学报，33（12）：9.
杨福合，高秀华，2004. 特种经济动物营养需要量与饲料评定［C］. 动物营养研究进展论文集，154-160.
杨果平，2022. 哺乳羔羊的饲养管理要点［J］. 云南农业科技（1）：62-64.
杨丽，2017. 不同物理有效纤维水平日粮制粒和颗粒大小对山羊生长性能、表观消化率、采食行为及瘤胃乳头发育的影响［D］. 南京：南京农业大学.
杨秀荣，2012. 奶牛各种维生素的需要及各阶段奶牛的需要量［J］. 新疆畜牧业（10）：45-46.
杨在宾，杨维仁，张崇玉，等，2004. 大尾寒羊能量和蛋白质需要量及析因模型研究［J］. 中国畜牧兽医（12）：8-10.
杨作良，吴争鸣，庞玉起，等，2011. 奶牛泌乳期的饲养管理［J］. 今日畜牧兽医（10）：56-56.
姚兴淼，赵鹤仙，2007. 育成牛和青年牛及干乳牛的饲养管理要点

[J]. 农村实用科技信息（11）：20.
叶耿坪，刘光磊，张春刚，等，2016. 围产期奶牛生理特点、营养需要与精细化综合管理［J］. 中国奶牛，313（5）：24-27.
于家良，刘成军，2021. 浅谈畜禽无抗养殖［J］. 吉林畜牧兽医，42（5）：105+107.
于永华，纪小利，2012. 浅谈育成奶牛的饲养管理［J］. 中国畜禽种业，8（12）：94-94.
臧玉峰，罗文武，2015. 奶牛产奶期的各项饲养管理措施［J］. 畜牧兽医科技信息（5）：79-80.
曾景华，孟现成，2017. 奶牛场犊牛饲养管理应注意的问题［J］. 中国畜牧兽医文摘（12）：83.
张冠武，郎晓曦，毛杨毅，等，2014. 舍饲杂交肉绵羊育肥期能量和蛋白质营养需要的研究［J］. 中国草食动物科学，34（2）：36-38.
张建军，2021. 畜禽健康养殖粪污治理对策［J］. 中国畜禽种业，16（3）：48.
张凯月，杨小倩，张辉，等，2019. 鹿胎药理作用研究［J］. 吉林中医药，39（5）：634-637.
张克春，谭勋，2007. 围产期奶牛葡萄糖、脂肪和钙代谢的研究动态［J］. 乳业科学与技术，30（2）：92-94.
张思敏，淳艳华，杨波，2018. 犊牛饲养管理综合技术［J］. 养殖与饲料（3）：30-31.
张廷国，2020. 奶牛干奶期的饲养管理要点［J］. 现代畜牧科技（2）：26-27.
张晓明，2014. 秦川牛能量和蛋白质需要量研究［D］. 雅安：四川农业大学.
张旭，2019. 奶牛干奶期的饲养管理技术要点［J］. 当代畜禽养殖业（5）：21-22.
张延和，韩润英，2015. 育成牛的饲养管理［J］. 中国畜禽种业，11（3）：87-87.
张阳建，2015. 犊牛饲养管理技术探讨［J］. 时代农机，42（7）：120-121.
张颖，2007. 山羊营养需要量的研究进展［J］. 中国动物保健（2）：79-82.

赵列平，卫喜明，韩欢胜，等，2015. 鹿肠毒血症的诊断［J］. 当代畜禽养殖业（4）：1.
赵新全，皮南林，冯金虎，1990. 生长发育牦牛（1岁母牛）绝食代谢测定［J］. 高原生物集刊（9）：155-160.
赵新全，周华坤，2005. 三江源区生态环境退化、恢复治理及其可持续发展［J］. 中国科学院院刊，20（6）：471-476.
赵新宇，冯登侦，吴强，2015. 奶牛场犊牛饲养管理应注意的问题［J］. 农业科学研究（1）：79-81.
赵月平，2010. 青藏高原高寒草地天然牧草营养价值评定研究进展［J］. 草业与畜牧学（4）：48-50.
郑培育，于越，于昆朋，等，2020. 牛对蛋白质的需要［J］. 中国畜禽种业，16（9）：107.
钟书，2019. 温湿度指数（THI）介导山羊瘤胃细菌群落的变化［D］. 杨凌：西北农林科技大学.
周华坤，周立，赵新全，等，2003. 江河源区“黑土滩”型退化草地的形成过程与综合治理［J］. 生态学杂志，22（5）：51-55.
邹彩霞，梁贤威，梁坤，等，2008. 12~13月龄生长母水牛能量需要量初探［J］. 动物营养学报，20（6）：645-650.
左黎明，2015. 奶牛场犊牛的护理技术［J］. 中国畜牧兽医文摘，31（12）：70.
ABDELRAHMAN M M，KINCAID R L，1993. Deposition of copper，Manganese，Zinc，and Selenium in Bovine Fetal Tissue at Different Stages of Gestation［J］. Journal of Dairy Science，76（11）：3588-3593.
ALTAN O，PABUçCUOǦLU A，ALTAN A，et al.，2003. Effect of heat stress on oxidative stress，lipid peroxidation and some stress parameters in broilers［J］. British Poultry Science，44（4）：545-550.
ALVAREZ-BUENO C，CAVERO-REDONDO I，MARTINEZ-VIZCAINO V，et al.，2019. Effects of milk and dairy product consumption on type 2 diabetes：overview of systematic reviews and meta-analyses［J］. Advances in Nutrition，10（suppl_2）：S154-S163.
BAH C S F，BEKHIT A E D A，CARNE A，et al.，2016. Composition and biological activities of slaughterhouse blood from red deer，sheep，pig and cattle［J］. Journal of the Science of Food and Agriculture，96（1）：

79-89.

BENGHEDALIA D, MIRON J, YOSEF E, 1996. Apparent digestibility of minerals by lactating cows from a total mixed ration supplemented with poultry litter [J]. Journal of Dairy Science, 79 (3): 454-458.

BERNABUCCI U N, LACETERA L H, BAUMGARD R P, et al., 2010. Metabolic and hormonal adaptations to heat stress in ruminants [J]. Animal, 4: 1167-1183.

CAMPBELL M H, MILLER J K, SCHRICK F N, 1999. Effect of additional cobalt, copper, manganese, and zinc on reproduction and milk yield of lactating dairy cows receiving bovine somatotropin [J]. Journal of Dairy Science, 82 (5): 1019-1025.

CANNAS A, TEDESCHI L O, FOX D G, et al., 2004. A mechanistic model for predicting the nutrientrequire-ments and feed biological values for sheep [J]. Journal of Animal Science, 82 (1): 149-169.

DEHGHAN M, MENTE A, RANGARAJAN S, et al., 2018. Association of dairy intake with cardiovascular disease and mortality in 21 countries from five continents (PURE): a prospective cohort study [J]. The Lancet, 392 (10161): 2288-2297.

DING L M, WANG Y P, BROSH A, et al., 2014. Seasonal heat production and energy balance of grazing yaks on the Qinghai-Tibetan plateau [J]. Animal Feed Science and Technology, 198: 83-93.

FONTECHA J, CALVO M V, JUAREZ M, et al., 2019. Milk and dairy product consumption and cardiovascular diseases: an overview of systematic reviews and meta-analyses [J]. Advances in Nutrition, 10 (suppl_ 2): S164-S189.

KINCAID R L, LEFEBVRE L E, CRONRATH, J D, et al., 2003. Effect of dietary cobalt supplementation on cobalt metabolism and performance of dairy cattle [J]. Journal of Dairy Science, 86 (4): 1405-1414.

LESLIE D M, JR, SCHALLER G B, 2009. Bos grunniens and Bos mutus (Artiodactyla: Bovidae) [J]. Mammalian Species, 836: 1-17.

LONG R J, DING L M, SHANG Z H, et al., 2008. The yak grazing system on the Qinghai-Tibetan plateau and its status [J]. The Rangeland Journal, 30 (2): 241-246.

LONG R J, DONG S K, CHEN X B, et al., 1999. Preliminary studies on urinary excretion of purine derivatives and create inine in yaks [J]. The Journal of Agricultural Science, 133 (4): 427-431.

MADER T L, DAVIS M S, BROWN-BRANDL T, 2006. Environmental factors influencing heat stress in feedlot cattle [J]. Animal Science, 84 (3): 712-719.

MARAI I, AYYAT M S, EL-MONEM U, 2001. Growth performance and reproductive traits at first parity of new zealand white female rabbits as affected by heat stress and its alleviation under egyptian conditions [J]. Trop Anim Health Prod, 33 (6): 451-462.

MERTENS D R, 1997. Creating a system for meeting the fiber require-ments of dairy cows [J]. Journal Dairy Science. 80: 1463-1481.

MILLER W J, 1979. Dairy Cattle Feeding and Nutrition [M]. USA: Academic Press, Inc.

National Research Council (U. S.), Committee on Nutrient Requirements of Small Ruminants, 2007. Nutrient requirements of small ruminants: sheep, goats, cervids, and new world camelids [M]. Washington D C: National Academies Press.

OLTJEN J W, BECKETT J L, 1996. Role of ruminant livestock in sustainable agricultural systems [J]. Journal of Animal science, 74 (6): 1406-1409.

ROMAIN A C, GODEFROID D, KUSKE M, et al., 2005. Monitoring the exhaust air of a compost pile as a process variable with an e-nose [J]. Sensors and Actuators B: Chemical, 106 (1): 29-35.

SMITH P, MARTINO D, CAI Z, et al., 2007. Policy and technological constraints to implementation of greenhouse gas mitigation options in agriculture [J]. Agriculture Ecosystems & Environment, 118 (1-4): 6-28.

WELCH J G, 1982. Rumination, Particle Size and Passage from the Rumen [J]. Journal of Animal Science, 54: 885-894.

XUE B, ZHAO X Q, ZHANG Y S, 2005. Seasonal changes in weight and body composition of yak grazing on alpine-meadow grassland in the Qinghai-Tibetan plateau of China [J]. Journal of Animal Science, 83 (8): 1908-1913.